LA

VRAIE ET PARFAITE

SCIENCE

DES

Armoiries

PAR M. DE MAGNY,

Chambellan intime de S. S. Grégoire XVI (CAMERIERE SEGRETO),
Commandeur et Chevalier de plusieurs Ordres,
Membre des Académies royales des Sciences et Lettres de Florence,
d'Anvers, etc.,
Secrétaire général du Collége Héraldique.

TOME PREMIER.

AU SECRÉTARIAT DU COLLÉGE HÉRALDIQUE,
RUE DES MOULINS, 10, PRÈS DU PASSAGE CHOISEUL.

A PARIS.

1re, 2e et 3e livraisons.

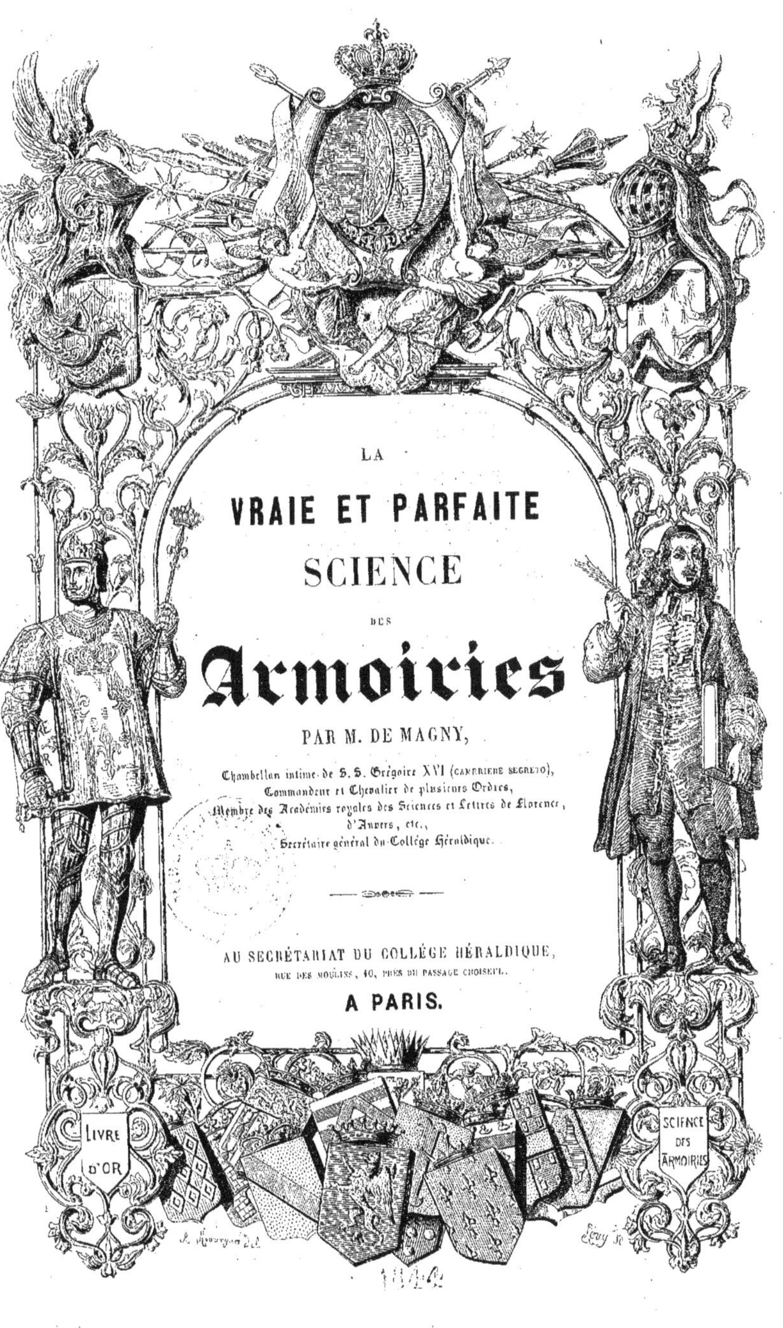

LA

VRAIE ET PARFAITE

SCIENCE

DES

Armoiries

PAR M. DE MAGNY,

Chambellan intime de S. S. Grégoire XVI (CAMERIERE SEGRETO),
Commandeur et Chevalier de plusieurs Ordres,
Membre des Académies royales des Sciences et Lettres de Florence,
d'Anvers, etc.,
Secrétaire général du Collège Héraldique.

AU SECRÉTARIAT DU COLLÉGE HÉRALDIQUE,
RUE DES MOULINS, 40, PRÈS DU PASSAGE CHOISEUL.

A PARIS.

Conditions de la Souscription

À

LA VRAIE ET PARFAITE SCIENCE DES ARMOIRIES,

Deux gros volumes petit in-4°, de 500 à 600 pages chacun, ornés de

200 planches représentant 4,000 écussons coloriés,

SERVANT D'EXEMPLES A 15,000 ARMOIRIES.

— —

Cet ouvrage, composé, d'après les plus savantes autorités, sur le plan du livre de Palliot, dont nous avons conservé le titre, est à la fois le traité de blason le plus complet qui ait jamais été offert au public, et par les recherches historiques, archéologiques et généalogiques qui lui servent de base, par ses 4,000 écussons coloriés et ses 15,000 armoiries, intéressant plus de 50,000 familles, le tableau le plus vaste, le plus brillant et le plus exact de la Noblesse actuellement existante.

LA VRAIE ET PARFAITE SCIENCE DES ARMOIRIES, dont le texte, imprimé avec le plus grand luxe typographique, est enrichi d'une multitude de vignettes, de lettres ornées, de sceaux, etc., est précédée d'une introduction historique qui met la science du blason au niveau des plus savantes études, en la présentant sous un jour tout nouveau, ainsi qu'on peut en juger par le sommaire de cette introduction que nous reproduisons ici :

Première partie. — I. De la Noblesse en général.   II. Origine et développement de la Noblesse française. — III. De la Noblesse chez les principaux peuples de l'Europe : Angleterre, Italie, Allemagne, Espagne, Suède, Danemark, Russie, Pologne. — Deuxième partie. — IV. Titres et dignités. — V. Sceaux. — VI. Des armoiries et de leur origine. — II. Symbolique des armoiries, couleurs et pièces meublant l'écu. — VIII. Cris et devises. — IX. Origine et signification des noms. — X. Exposé élémentaire de la science héraldique.

L'ouvrage aura 100 livraisons, chacune de 8 à 12 pages de texte, avec deux planches contenant quarante écussons coloriés.

Le prix de chaque livraison est de 1 fr. 75 c. pour Paris, et de 2 fr. 90 cent. par la poste.

Tout souscripteur à la VRAIE ET PARFAITE SCIENCE DES ARMOIRIES aura ses armoiries reproduites en couleurs dans le cours de l'ouvrage.

L'ouvrage sera terminé dans le cours d'une année, et pourra être délivré aux souscripteurs, qui en feront la demande, par 25 livraisons, formant un demi-volume. Le prix n'en est payé qu'au fur et à mesure des livraisons.

Philippe-Auguste échangeant les armoiries de Mathieu Ier de Montmorency
après la bataille de Bouvines (1214).

RÉCEPTION ET SACRE DU ROI D'ARMES DE FRANCE (1582).

Et ouvrage, publié sous le haut patronage du COLLÉGE ARCHÉOLOGIQUE ET HÉRALDIQUE DE FRANCE, par M. DE MAGNY, son secrétaire général, est un Traité complet de la *science du Blason* et un vaste répertoire dans lequel chacun des termes usités en Armoiries est l'objet d'une dissertation spéciale, suivie de nombreux exemples, pris dans les Armoiries de la noblesse de France et de l'Étranger.

Il contient, en outre, les Armoiries des principales villes de l'Europe et celles de toutes les villes de France, les Armoiries des souverains, et des Notices, avec planches coloriées, sur tous les ordres de Chevalerie actuellement existants.

L'ouvrage est illustré d'une grande quantité de vignettes historiques, choisies dans le but de représenter un fait curieux de notre histoire, quelquefois peu connu du lecteur.

Il est terminé par une table qui contient au moins quinze mille noms, présentant, dans un cadre restreint, le tableau général de la noblesse de France et celui des principales familles d'Angleterre, d'Allemagne, de Russie, d'Italie, d'Espagne, etc.

Rien n'est payé d'avance, et le prix de chaque livraison n'est demandé qu'au fur et à mesure de la publication; 25 livraisons peuvent être réunies et brochées en une partie, pour être envoyées ensemble aux souscripteurs du dehors.

ON SOUSCRIT

Au Secrétariat du Collége héraldique, rue des Moulins, 10,

A PARIS.

COLLÉGE ARCHÉOLOGIQUE ET HÉRALDIQUE DE FRANCE.

LE COLLÉGE HÉRALDIQUE DE FRANCE, fondé dans le but d'établir une autorité compétente pour la constatation et l'expédition légale des TITRES et GÉNÉALOGIES, s'occupe d'archéologie nobiliaire, de paléographie, de toutes recherches et travaux historiques et généalogiques.

Le Collége possède la collection la plus complète d'ouvrages héraldiques et généalogiques qui ait jamais existé, ainsi qu'un grand nombre de manuscrits inédits sur les noblesses de toutes les nations.

Il possède en outre toutes les généalogies de France, preuves de noblesse, jugements de maintenue au nombre de 50.000 ; il a recueilli toutes les armoiries des familles qui sont inscrites à l'armorial général dressé en vertu de l'édit de 1696, s'élevant à plus de 200,000 ; et, détenteur d'une immense quantité de titres originaux, tels que contrats de toute nature, testaments, chartes, diplômes, édits, ordonnances, commissions des rois de France, etc., au nombre de 350.000 pièces, provenant pour la plupart des anciens cabinets généalogiques de MM. FABRE, comte DE WAROQUIER, DE LA CHESNAYE DES BOIS, DE COURCELLES, DE LA CROIX, JOURSENVAULT, des archives de la maison de CHIGNAN, de la collection des Bénédictins de Saint-Maur, etc., le Collége peut fournir aux anciennes familles des renseignements qu'elles n'ont pas, et à celles qui ont tenu par un lien quelconque à la Noblesse de France et de l'étranger les moyens de reconstituer leur état nobiliaire et leurs armoiries. Les GÉNÉALOGIES ainsi que les CERTIFICATS DE NOBLESSE sont délivrés sous l'approbation d'un JURY composé de membres du Collége, appartenant à l'élite de la Noblesse de France.

Les personnes qui veulent faire partie du Collége à titre de membres associés doivent faire preuve de noblesse ; les membres associés reçoivent un diplôme sur parchemin, qui est lui-même une première constatation de noblesse, dans lequel sont relatés les noms, titres et qualités du titulaire, ainsi que ses armoiries.

Pour recevoir les statuts, obtenir des renseignements et des documents généalogiques sur sa famille, ou simplement un dessin colorié et certifié de ses armoiries, il faut en adresser la demande *affranchie* A PARIS, rue des Moulins, nº 10, *près du passage Choiseul*, à M. DE MAGNY, *Secrétaire, Généalogiste de l'ordre de Malte et correspondant de plusieurs Chancelleries d'ordres étrangers.*

PUBLICATION DÉJA PARUE; DEUXIÈME ÉDITION:

ARCHIVES NOBILIAIRES UNIVERSELLES,

BULLETIN DU COLLÉGE. Un beau vol. grand in-8º avec PLANCHES ET BLASONS COLORIÉS. PRIX : 12 FR.

PREMIÈRE PARTIE : EXTRAIT DES STATUTS, conditions d'admission.—CORRESPONDANCE.-- Séance du Collége.—ARCHÉOLOGIE NOBILIAIRE, Église Cathédrale de Tours, Maison de Montmorency. — ESSAI SUR LA NOBLESSE chez tous les peuples. — **Armorial des cinq Salles des Croisades.** Noms et Armoiries de toutes les familles dont les écussons sont à VERSAILLES.— NOTICES GÉNÉALOGIQUES — *Mélanges :* GRÉGOIRE VII, ou la papauté au moyen âge.—**Armorial général de Bretagne.** — *De la Constitution actuelle de la noblesse chez toutes les nations.* **Toscane et Rome.—Costumes de la noblesse de Toscane.**—*Tablettes héraldiques.* —DEUXIÈME PARTIE: **Recueil historique des Ordres de chevalerie,** Monographies avec **Planches coloriées** des **Ordres** de *Christ,* de *l'Éperon d'or,* de *Saint-Silvestre,* de *Saint-Grégoire le Grand* et de *Saint-Jean de Jérusalem;* des **Ordres** de *Saint-Étienne* et de *Saint-Joseph* en Toscane; des **Ordres** de la *Rédemption* et du *Temple,* avec la nomenclature officielle de tous les Français décorés desdits ordres. — **Costumes des Ordres de Malte et de Saint-Étienne;** Foundations de **Commanderies** dans ces **Ordres.**

SOUSCRIPTION AU DEUXIÈME REGISTRE

DU

LIVRE D'OR DE LA NOBLESSE DE FRANCE.

POUR PARAITRE EN 1845.

LE LIVRE D'OR DE LA NOBLESSE DE FRANCE, continuant les ouvrages du *P. Anselme* et *de la Chesnaye des Bois,* se composera de plusieurs registres ou volumes de 3 à 400 pages, format grand in-4º, qui contiendront chacun 15 à 20 grandes généalogies, ornées d'armoiries magnifiquement coloriées et dessinées selon les règles et les formes rigoureuses de l'art héraldique, avec supports ou lambrequins, et un grand nombre de notices généalogiques de deux à quatre pages de texte.

Le prix d'un volume ou registre est de 50 fr. pour les souscripteurs, et de 60 fr. pour les non-souscripteurs ; les membres du Collége héraldique jouiront d'une réduction de 6 fr. sur le prix de souscription.

La souscription à un volume donne droit à l'insertion gratuite d'une notice généalogique de deux pages (sauf 12 fr. de plus pour le blason gravé sur bois, placé en tête de l'article), et de quatre pages, si l'on souscrit à deux exemplaires du même volume.

Les frais d'insertion des grandes généalogies, enrichies des armoiries coloriées et des blasons d'alliances gravés sur bois et imprimés dans le texte, se traitent de gré à gré, selon le plus ou moins d'étendue.

PARIS. — IMPRIMERIE DE SCHNEIDER ET LANGRAND, 1, rue d'Erfurth.

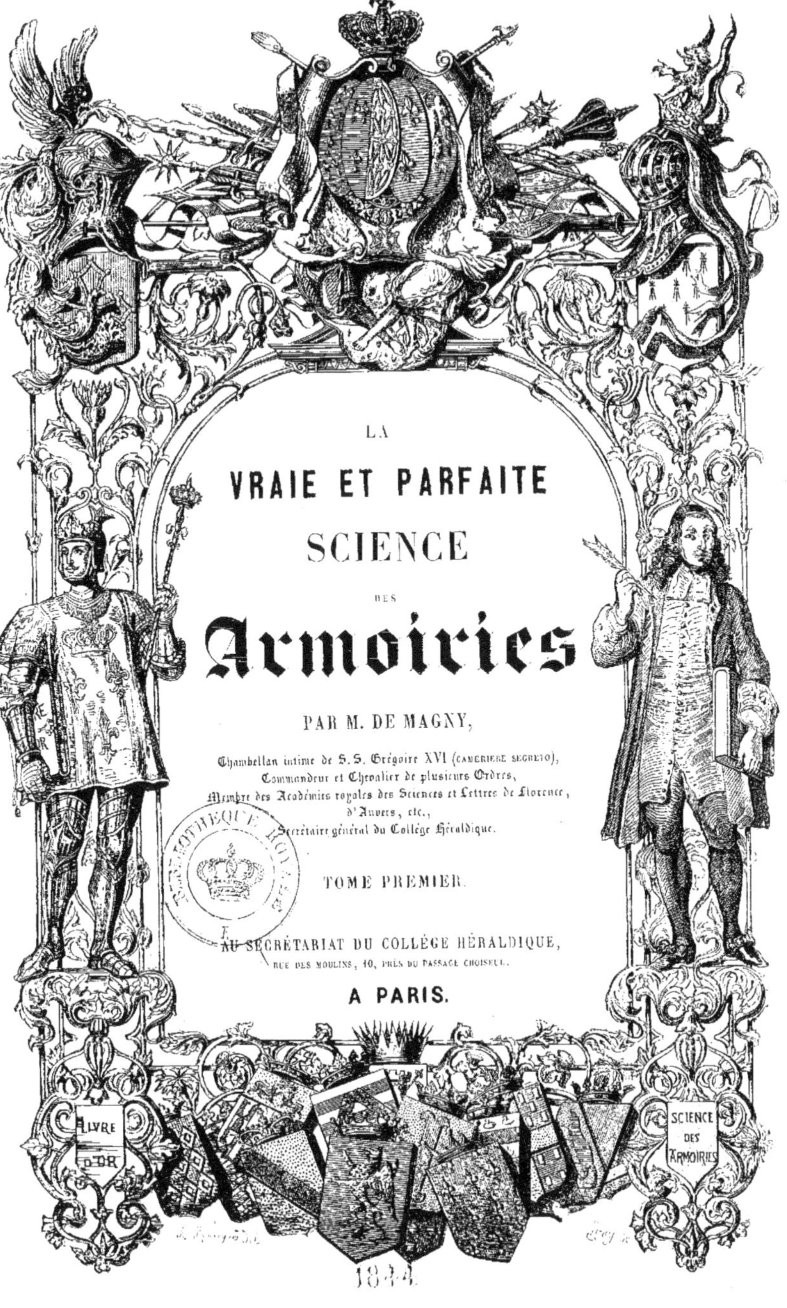

LA
VRAIE ET PARFAITE
SCIENCE
DES
Armoiries
PAR M. DE MAGNY,
Chambellan intime de S.S. Grégoire XVI (cameriere segreto),
Commandeur et Chevalier de plusieurs Ordres,
Membre des Académies royales des Sciences et Lettres de Florence,
d'Anvers, etc.,
Secrétaire général du Collége Héraldique.
TOME PREMIER.
AU SECRÉTARIAT DU COLLÉGE HÉRALDIQUE,
RUE DES MOULINS, 10, PRÈS DU PASSAGE CHOISEUL.
A PARIS.
LIVRE D'OR
SCIENCE DES ARMOIRIES
1844

VRAIE ET PARFAITE SCIENCE

DES

ARMOIRIES.

TYPOGRAPHIE
SCHNEIDER ET LANGRAND,
rue d'Erfurth, 4. — Paris.

AVANT-PROPOS.

En publiant sa VRAIE ET PARFAITE SCIENCE DES ARMOIRIES, le savant et laborieux Palliot (1) s'était proposé d'élever à l'art héraldique un monument aussi brillant que solide. Guidé par cet amour sincère qu'avaient alors, pour l'objet de leurs études, les écrivains jaloux de laisser après eux une œuvre sérieuse et complète, il avait consacré à la composition de la sienne tous les trésors de sa vaste érudition (2).

Il n'est donc aucun traité de blason qui puisse soutenir la lutte avec son livre, soit pour la multitude des détails, soit pour la variété des exemples, soit pour l'étendue et la richesse des descriptions.

Mais, il faut bien le dire, l'ouvrage de Palliot, devenu le nôtre par tout ce que nous y avons ajouté pour l'élever au niveau des connaissances de notre époque, utile et précieux à un grand nombre de titres, ne se distingue pas par cette critique éclairée et rigoureuse qui doit aujourd'hui caractériser la science. *La vraie et parfaite science*, au temps de Palliot, consistait à recueillir avec une louable persévérance une masse de faits, de citations et de détails, dont on ne s'occupait pas toujours de vérifier l'exactitude : on songeait moins à bien savoir qu'à savoir beaucoup; et l'écrivain croyait avoir

(1) Né à Paris en 1608, mort à Dijon le 5 avril 1698, historiographe du roi et généalogiste des états de Bourgogne.

(2) Les vers suivants, qui lui furent adressés par la Monnaye, sont un témoignage de l'estime dont Palliot jouissait auprès de ses contemporains :

> Vrai registre vivant, oracle plein de foi,
>   Trésor en recherches fertile,
>   Fameux Palliot, explique-moi
>   Cette énigme si difficile :
> « Comment sans cesse à lire appliquant ton esprit,
>   Tu sus trouver le temps d'écrire ;
>   Et comment, ayant tant écrit,
>   Tu sus trouver le temps de lire? »

rempli suffisamment sa tâche, lorsqu'il avait étalé avec complaisance le luxe de son érudition.

Nous avons dû faire tous nos efforts pour que l'ouvrage que nous offrons aujourd'hui à nos lecteurs fût plus exact et plus rigoureusement historique, sans cesser pour cela d'être aussi complet et aussi riche.

Nous croyons être en droit de nous féliciter d'avoir donné les premiers à la science du blason, à l'étude des armoiries, un caractère sérieux et grave, par la tendance éminemment historique et critique de nos publications. Si les signes distinctifs de la noblesse ne sont qu'un objet de curiosité traditionnelle pour les esprits superficiels, ils ont une utilité et une importance réelles pour ceux qui, après en avoir saisi l'esprit et l'origine, en les éclairant du flambeau de l'histoire, appliquent à l'étude de l'histoire elle-même les renseignements précieux et souvent inattendus qu'ils lui fournissent.

L'étude du blason, ainsi rattachée à celle de nos annales, puisant ses documents essentiels dans la connaissance des vieux monuments de l'histoire nationale, dans la description des costumes, dans l'explication des usages et des mœurs du temps passé, des habitudes de la vie chevaleresque, des lois qui régissaient les tournois et les guerres, dans le dépouillement et la restitution des chartes, des titres et des diplômes souvent altérés par l'injure des temps, dans l'examen des sceaux, des cachets, des anneaux, des monnaies ; appelant, en un mot, à son secours l'archéologie, la paléographie et la numismatique, cesse d'être une sèche et aride nomenclature, une espèce de hors-d'œuvre brillant, sans liaison avec les faits positifs et réels de la vie, inutile hochet de la vanité et de l'orgueil. Pour nous, le blason est une histoire vivante et animée, c'est la mise en relief de tout ce que les siècles passés et les temps modernes ont produit d'héroïque et d'illustre; pour nous, dans ces signes éclatants, dans ces innombrables symboles tout a un sens, une cause, un but, une raison d'être, et ce n'est que moyennant cette condition que le titre de notre VRAIE ET PARFAITE SCIENCE DES ARMOIRIES pouvait être une vérité.

Indépendamment de cette nécessité que nous avons reconnue, de modifier par la critique et le sentiment de la vérité historique la méthode suivie dans l'ouvrage de Palliot, nous avons dû lui faire subir d'autres changements plus notables encore, soit dans la rédaction du texte, soit dans le choix et la composition des armoiries. Aux exemples pris par lui dans des familles dont plusieurs sont éteintes, nous en avons substitué d'autres choisis parmi les familles actuellement existantes; et dans cette immense galerie où, par un travail pour lequel nous n'avons épargné ni les soins ni la dépense, nous avons pu faire entrer plus de QUATRE MILLE ÉCUSSONS COLORIÉS, correspondant à QUINZE MILLE NOMS de familles nobles existantes aujourd'hui, et pouvant, par conséquent, intéresser plus de cent mille personnes, nous avons placé les insignes de la noblesse de l'Empire, de même que ceux de notre antique noblesse, persuadés que l'une et l'autre seront inscrites au même titre dans le Panthéon de l'histoire.

Nous avons aussi un sentiment trop profond de l'art, pour ne pas attacher la plus grande importance au dessin et à la forme de nos armoiries et des différentes pièces ou ornements dont elles sont composées. Combien de fois n'avons-nous pas souffert en voyant, dans certaines publications récentes, une ignorance déplorable des lois qui président à l'art héraldique. Nos pères avaient attaché une grande importance à ces signes et à ces symboles de convention, à la composition desquels ils appliquaient leur imagination à la fois naïve et féconde, et le génie éminemment artistique de la renaissance, s'emparant des armoiries comme de tout le reste, y avait laissé son ineffaçable empreinte. C'est à cette époque qu'il faut remonter pour retrouver ces formes sveltes et gracieuses où se jouent à la fois le goût et la fantaisie, et qui n'ont rien de commun avec ces dessins grossiers, ces caricatures ridicules imaginées plus tard et que quelques dessinateurs d'aujourd'hui se contentent de copier servilement.

Nous nous sommes fait une loi de rester religieusement fidèles aux traditions de l'art aussi bien qu'à celles de l'histoire. Nous espérons qu'on nous saura quelque gré d'avoir cherché nos modèles dans une meilleure école que celle dont se sont inspirés certains peintres d'armoiries improvisés, et d'avoir rejeté bien loin ces hideux lambrequins, que l'on croirait empruntés à des dessins d'ornement de balcon ou de balustrade, et ces animaux calqués sur les hôtes du Jardin des Plantes par des dessinateurs qui, après avoir illustré les éditions de Buffon et de Lacépède, ont transporté sans façon sur leurs tablettes, soi-disant héraldiques, les types que leur avait fournis l'histoire naturelle.

L'art héraldique, ainsi conçu, serait sans aucun doute la plus facile et la plus vulgaire des sciences; avec trois ou quatre des principaux ouvrages sur la matière, rien de plus simple que la composition d'un traité de blason, que la publication d'un dictionnaire nobiliaire en plusieurs volumes. Nous nous ferions fort, avec les ressources de toute nature que possède le Collège, d'en former un qui ne contiendrait pas moins de deux cent mille noms.

En ce temps de concurrence et de mercantilisme littéraire, où la spéculation se substitue à la science et vit à ses dépens, il n'est pas rare de voir annoncer, composer et publier en quelques semaines des ouvrages qui exi-

geraient plusieurs années d'études et de méditations. Il ne faut pour cela
qu'un éditeur habile, qui, profitant des indications et des renseignements
que lui fournit un auteur trop confiant, s'empare de son idée, et fait exécuter
de commande une œuvre semblable à celle qu'on était venu lui proposer
d'éditer. C'est ce qui explique la faiblesse et l'insuffisance de ces contrefa-
çons anticipées qui n'ont de commun, avec les ouvrages contre lesquels ils
prétendent entrer en concurrence, que la similitude du titre et l'analogie du
sujet.

Ce n'est pas ainsi, Dieu merci, que nous avons conçu et exécuté l'ouvrage
que nous publions aujourd'hui, ainsi que celui qui, sous le nom de Livre d'or
de la Noblesse de France, doit le suivre de près. Nous sommes trop jaloux de
n'attacher notre nom qu'à des ouvrages recommandables par une scrupuleuse
observation de la vérité historique, des règles de la critique et des procédés
de l'art.

Nous avons essayé, dans l'introduction qui suit, de faire connaître l'esprit
qui préside à nos travaux héraldiques et généalogiques, en présentant le résumé de nos recherches sur la formation et le développement social des classes
nobles, soit en France, soit chez les autres nations de l'Europe, sur l'origine
des noms et des dignités, sur le symbolisme des couleurs et des pièces usitées
en armoiries, sur la valeur et les divers usages des sceaux, cachets, anneaux, etc.
Nous avons ainsi montré quel puissant intérêt l'histoire, philosophiquement
étudiée peut répandre sur les travaux qui ont pour but de faire connaître la
constitution intime et les attributs extérieurs de la noblesse. La table générale
placée à la fin du volume, en rendant aussi simples que faciles toutes les
recherches relatives au blason, aura encore l'avantage de présenter dans un
seul coup d'œil une nomenclature de plus de quinze mille familles nobles.

Préparés par douze années d'étude et de labeur à l'œuvre que nos précé-
dentes publications ont commencée, et que celle-ci poursuit, nous avons voulu
que notre ouvrage fût digne des lecteurs auxquels il est destiné et de l'illustre
société sous les auspices de laquelle il paraît. Puisse-t-il donner quelque idée
de cette restauration historique et artistique à laquelle travaille, avec un
si louable zèle, le Collège Héraldique et Archéologique de France !

JEUX MILITAIRES (TOURNOIS) CÉLÉBRÉS A L'OCCASION DU TRAITÉ DE VERDUN, 842.

LA

VRAIE ET PARFAITE SCIENCE DES ARMOIRIES.

INTRODUCTION.

SOMMAIRE. — PREMIÈRE PARTIE. — I. De la noblesse en général. — II. Origine et développement de la noblesse française. — III. De la noblesse chez les principaux peuples de l'Europe : Angleterre. Italie, Allemagne, Espagne, Suède, Danemarck, Russie, Pologne. — DEUXIÈME PARTIE. — IV. Titres et dignités — V. Sceaux. — VI. Des armoiries et de leur origine. — VII. Symbolique des armoiries, couleurs et pièces meublant l'écu. — VIII. Cris et devises. — IX. Origine et signification des noms — X. Exposé élémentaire de la science héraldique

PREMIÈRE PARTIE.

DE LA NOBLESSE EN GÉNÉRAL.

Les historiens de l'école de Vico, en cherchant à saisir, au milieu des différences multipliées qui distinguent les branches diverses de la famille

humaine, les ressemblances et les analogies qui constatent l'identité de
leur nature, ont donné aux recherches historiques une apparence de grandeur et d'universalité qu'il serait injuste de méconnaître. Le premier coup
d'œil jeté sur l'ensemble des institutions humaines, sur la marche et le
développement des lois, des mœurs et de l'intelligence, n'avait saisi que les
caractères superficiels et extérieurs ; nous savions tout ce qu'il fallait pour
distinguer les Grecs des Romains, les peuples d'Égypte des nations in-
diennes, un Anglais d'un Espagnol, un Germain d'un Gaulois : une étude
plus approfondie et plus philosophique a permis aux historiens de démê-
ler, au milieu de cette multitude de différences qui caractérisent les individualités nationales, des faits non moins réels et non moins importants,
à l'aide desquels ils ont pu formuler quelques-unes des lois universelles
qui président au développement des sociétés dans toutes les contrées et
dans tous les temps.

En soumettant à cette appréciation les renseignements historiques par-
venus jusqu'à nous sur la *Noblesse* et les classes *nobles* dans les diverses
parties du globe, nous pourrons parvenir à nous former une idée exacte
de la noblesse considérée dans son essence, son origine, ses attributions et
son influence sociale.

Constatons d'abord le fait de l'existence, dès l'antiquité la plus reculée,
chez toutes les nations, de certaines classes dotées de priviléges, et possédant les attributs de la puissance souveraine. En confiant à l'homme le
soin de sa propre destinée, au moyen de l'intelligence émanée d'en haut,
qui doit éclairer et régler la liberté dont il est pourvu, la Providence a
voulu que le génie et la force fussent revêtus d'un caractère qui les fît
briller à tous les yeux. C'est par un de ses décrets immuables, qu'au sein
de l'égalité primitive dans laquelle naissent tous les hommes, frères parce
qu'ils sont tous enfants du même Dieu, le dévouement, le savoir, l'activité
et le courage ont distingué, par un privilége spécial, les hommes qui font
un meilleur usage de cette liberté donnée à tous, mais dont tous ne savent
pas faire un égal emploi ; ne cherchons pas ailleurs l'origine des distinctions, des titres et des priviléges ; ne cherchons pas une cause plus légitime et plus antique de la différence des castes et de la séparation des
races.

Il ne faut donc pas s'étonner de voir dans les monuments primitifs de l'histoire, dans les livres sacrés, dans les codes antiques, dans les épopées qui décorent le berceau de tous les peuples, dans les lois de *Manou* comme dans celles de *Moïse* et de *Zoroastre*, dans les poésies d'*Homère*, dans les récits épiques des *Scandinaves*, dans toutes les traditions primitives enfin, apparaître partout et toujours l'humanité divisée en deux parties, l'une qui obéit et l'autre qui commande ; l'une dans un état réel d'infériorité morale, politique et sociale, l'autre armée de la main de la justice et du glaive de la force ; l'une esclave du sol auquel elle est attachée, l'autre riche et propriétaire, en possession déjà de cette existence élégante et polie qu'elle doit au luxe et à la civilisation.

Il serait assez inutile de chercher dans les annales des temps antiques le moment précis où commence cette inégalité qui est un fait primitif, et dont on peut trouver d'ailleurs l'image et le premier exemple dans la subordination et l'infériorité que la nature impose aux enfants à l'égard du chef de la famille.

En descendant le fleuve des âges, on a pu trouver, dans des époques plus rapprochées, des nations subjuguées par d'autres, des peuples devenus, par le droit de la guerre, esclaves d'autres peuples plus forts, plus heureux ou plus habiles. C'est un fait mille fois répété, que celui de l'existence simultanée sur le même sol d'une foule ignorante et grossière et d'une classe plus avancée, plus instruite et plus sage, de laquelle la première reçoit l'initiation aux arts et l'enseignement des vérités morales et religieuses. Les brahmes civilisent l'Inde ; les prêtres d'Égypte cultivent au sein de leurs temples les sciences qui maintiennent leur supériorité et leur puissance sur les peuples et sur les rois eux-mêmes ; la voix harmonieuse des Linus et des Orphée arrache à leurs forêts les peuplades sauvages de la Thrace ; les descendants d'Hercule adoucissent les mœurs des habitants du Péloponnèse ; les Étrusques instruisent l'Italie ; les Celtes et les Ibères répandent parmi les peuples qui errent au hasard dans les forêts de la Germanie, de la Gaule et de l'Espagne, la religion, la civilisation et les mœurs ; partout la caste supérieure garde avec soin ses priviléges ; partout elle conserve avec respect les traditions de famille et les documents généalogiques qui marquent la filiation et la continuité des races ; partout, indépendamment des fonctions militaires, sacerdotales et scientifiques, qui sont leur partage et leur récompense, elles ont soin d'imaginer des signes distinctifs, des symboles qui les présentent aux yeux des peuples comme marquées, pour ainsi dire, du sceau de la puissance et de la grandeur.

S'il est aisé de trouver partout la noblesse, il n'est pas tout à fait aussi facile de déterminer d'une manière aussi précise ce qui la constitue essentiellement. Les érudits qui se sont occupés de cette question ont, en général, cherché leurs réponses dans les circonstances particulières dont ils avaient été frappés, en consultant les annales de tel ou tel peuple, ou en s'arrêtant à telle ou telle époque spéciale.

Les anciens, par exemple, trouvant en général la noblesse en possession de la richesse, ont pu croire que c'est là son caractère distinctif, et qu'elle est incompatible avec la pauvreté ; c'est en ce sens qu'Euripide a pu dire que le pauvre n'est pas noble, et qu'Hérodote a fait remarquer que chez les Grecs, les Égyptiens, les Scythes, les Perses et les Lydiens, les ouvriers n'étaient pas nobles (1), opinion professée aussi par Xénophon, dans ses *Économiques* (2), et par Aristote, dans sa *Politique* (3). Cela s'accordait assez avec le sentiment des anciens. Ils ont donc pu regarder la richesse, qui n'est qu'un des attributs accidentels et contingents de la noblesse, comme un de ses caractères constitutifs et nécessaires. Il y a dans le quatrième livre du *Code de Justinien* (4) une loi d'Honorius et de Théodose, qui prononce la perte de la noblesse contre ceux qui exerceraient des professions mécaniques ; et il est dit, dans l'*Ecclésiastique* (5), « que ceux-ci n'entreront « ni dans les assemblées ni dans les conseils ; qu'ils ne seront point assis « sur le siége des juges, et qu'ils n'auront point l'intelligence des lois et « des jugements. »

Un caractère plus généralement considéré comme inhérent à la noblesse, c'est la grande ancienneté de la famille. Les noms et les titres transmis d'âge en âge ont toujours semblé acquérir un lustre de plus en plus bril-

(1) Hérodote, *Euterpe*, chap. 167.
(2) Xénophon, *Économiques*, ch. 4, § 2, 3.
(3) Aristote, *Politique*, lib. III, ch. 5.
(4) Code de Justinien, liv. IV, titre 45.
(5) Eccles., liv. XXVIII, v. 38.

lant ; le respect accumulé par plusieurs siècles de possession sur les grandes
familles est en effet un honneur pour ceux qui en sont l'objet, et un titre
à la vénération publique. Dans les sociétés antiques où les classes nobles et
les populations esclaves étaient si profondément distinctes, on conçoit encore que cette descendance d'aïeux ne pouvait avoir de prix qu'autant qu'elle
concernait les hommes libres. Descendre d'aïeux esclaves n'eût point été
une véritable noblesse. Quand la nécessité des temps eut amené les affran-
chissements, on dut distinguer la liberté naturelle de la liberté acquise ;
les familles qui se trouvaient dans le premier cas eurent seules d'abord le
caractère de l'*ingénuité*, qualité uniquement réservée aux hommes qui, dans
la longue suite de leurs aïeux, ne comptaient que des hommes libres (1).
Ces trois caractères de richesse, d'ancienneté et d'ingénuité, considérés
d'une manière exclusive, ont donc pu conduire un écrivain moderne (2) à
définir la *noblesse une descendance d'aïeux libres*, par opposition à la roture,
qu'il a définie *une descendance d'aïeux esclaves*. Nous ne saurions souscrire
sans réserve à une semblable définition. Ces caractères distinctifs, ces
priviléges, comme on a dit, que l'on trouve, dans tous les temps, attachés
à la noblesse, peuvent bien, lorsqu'ils sont constatés par le témoignage
unanime de l'antiquité, constater un fait, mais ils ne sauraient établir un
droit ni légitimer une puissance. Le fait primitif, essentiel, ne dépend ni
des circonstances extérieures ni du hasard ; il prend sa source dans quelque chose de plus auguste et de plus sacré, c'est-à-dire dans la supériorité
de la vertu et du génie. L'humanité, toujours juste envers les qualités morales, intellectuelles ou physiques qui ont contribué au développement de
sa prospérité, respecte les grands hommes dans leurs descendants ; et c'est
précisément sur ce respect que se fondent l'illustration et la perpétuité des
races. Mais, dans la liberté comme dans l'esclavage, la vertu est toujours
la vertu, le génie est toujours le génie ! On a vu les classes nobles d'une nation subir les lois de la guerre, et devenir esclaves à leur tour ; des peuples·
esclaves ont aussi brisé leurs fers ; et, du sein des peuplades affranchies, sont
sorties des races qu'une suite de prospérités a illustrées. Une longue série

(1) C'est à ces caractères que les écrivains héraldiques des temps modernes reconnaissent ceux qui
sont véritablement *nobles de nom* et *de race*.

(2) Granier de Cassagnac, *Histoire des Classes nobles*, ch. I, p. 15.

d'aïeux bien constatée ne suffit donc pas pour caractériser la noblesse.

Il faut autre chose que cette distinction, qui provient de la continuité de la race; il faut que le lustre héréditaire repose sur un titre plus réel et plus digne de respect. La noblesse, dit Cicéron, n'est autre chose que la vertu connue : *Nihil aliud est quam cognita virtus.* Varron dit aussi que *noble* signifie *connu : Nobilis quasi noscibilis* (1). La noblesse est aussi, selon Porphyre, l'honneur dont les hommes entourent la vertu. L'illustration que font rejaillir sur toute une famille les services éminents rendus à la patrie et à l'humanité, telle est, selon nous, la véritable noblesse. Les généalogies la constatent, les dignités et les richesses l'ornent et la récompensent; la force, la justice, la science sont souvent son partage; mais elle puise son origine et son droit dans les services rendus et les vertus éprouvées (2). C'est la noblesse personnelle qui a servi de fondement à la noblesse de naissance. C'est ainsi que, trouvant son point de départ dans le droit qu'ont l'intelligence et la vertu de gouverner les choses humaines, la noblesse est un avantage légitime, conféré par la Providence elle-même à certaines familles, auxquelles elle impose ainsi l'obligation de vaincre les instincts bas et grossiers, et de se distinguer par l'élévation des sentiments et la grandeur des idées. C'est ainsi que l'on peut dire avec le comte de Boulainvilliers, mais dans un tout autre sens : « La vraie et incommunicable « noblesse subsiste toujours, et ne peut manquer de se relever avec dis- « tinction, lorsque le lustre de la naissance est soutenu par un véritable « mérite (3). »

Si, de ces considérations sur la nature intime et essentielle de la noblesse, nous passons à l'examen des fonctions qu'elle a remplies dans le monde,

---

(1) Cette étymologie du mot noblesse est adoptée par Tiraqueau, Vossius, Henri Etienne; et de la Roque fait la remarque que dans le *Deutéronome* les interprètes du mot *Joduhim* ont traduit par nobles. *id est Cogniti.* (*Traité de la Noblesse,* ch. 11.)

(2) Ceux même des grands hommes qui ont paru attacher le moins d'importance à la noblesse historique ont été forcés malgré eux de devenir illustres dans leurs descendants. On interrogeait un jour le khalife Moez sur sa généalogie. « *Voilà ma généalogie !* » dit-il, en tirant son cimeterre; puis il jeta des pièces d'or à ses soldats en ajoutant : « *Voilà ma famille et mes enfants!* » Il se trompait : ses enfants furent les khalifes Fatimites, descendus de lui, qui gouvernèrent pendant deux siècles (de 955 à 1171) l'empire qu'il avait conquis.

(3) *Essais sur la Noblesse de France,* p. 300.

c'est-à-dire, si nous quittons sa définition pour consulter son histoire, nous la trouverons en possession du quadruple privilége de conserver les traditions religieuses, de rendre la justice, de défendre la cité par les armes, et de veiller au dépôt sacré des lettres, des sciences et des arts. Cette souveraineté, si noblement exercée, ce pouvoir privilégié qui a donné pendant si longtemps aux classes nobles l'honneur d'enseigner dans les sanctuaires, de briller dans les camps, de siéger dans le prétoire, de marcher à la tête des savants et des artistes, est un droit dont la puissance peut être suspendue momentanément, mais que leurs lumières, leurs mœurs et leur éducation leur feront conquérir toutes les fois qu'elles sauront se placer à la tête de la civilisation.

Dépouillée du pouvoir, privée de ses priviléges, courbée sous le niveau de l'égalité civile, la noblesse, selon nous, n'a pas cessé d'être la noblesse : car nous ne la faisons pas dépendre des caprices du sort, des vicissitudes de la fortune, du hasard des révolutions. Nous avons trouvé son essence dans une sphère supérieure aux événements et aux volontés des hommes. L'illustration nobiliaire, considérée comme un honneur rendu au mérite, comme le respect traditionnel pour les vertus, le génie et le courage des ancêtres, est de sa nature indestructible et légitime : voilà véritablement le *droit divin* de la noblesse.

Nous nous sommes associés en commençant à ce louable sentiment qui, s'appuyant sur la *nature commune des nations*, ne fonde plus ses systèmes sur des études isolées, mais cherche dans l'examen comparé des différents peuples les éléments primordiaux et universels propres à établir ce qu'il y a de constant dans la marche générale et le développement des institutions humaines. Nous sommes de ceux qui considèrent les nations comme les membres d'une société unique; nous croyons, avec Vico et Herder, à l'identité des facultés intellectuelles et morales qui, à certaines époques données, ramène inévitablement les mêmes phénomènes sociaux, nous croyons enfin que l'humanité a ses lois ; et, comme selon Montesquieu : *Les lois sont les rapports nécessaires qui résultent de la nature des choses* (1), nous pensons qu'il y a dans chaque histoire particulière un ordre régulier, un

____

1) *Esprit des Lois*, livre I, ch. 1.

enchaînement nécessaire, et que chaque civilisation présente le retour périodique et forcé (*ricorso*) de phénomènes analogues.

Mais il ne faudrait pas abuser de cette grande vérité pour trouver des analogies et des ressemblances là où il n'en existe pas; il ne faudrait pas suivre l'illustre philosophe napolitain sur la pente dangereuse qui conduit l'imagination et l'esprit de système à effacer toutes les différences, et à mettre de côté les caractères spéciaux et les individualités nationales, pour ne saisir que les traits généraux, les rapports éloignés, les analogies forcées. La véritable science de l'histoire doit se maintenir avec force entre l'esprit excessif d'analyse qui a porté les anciens à ne considérer les peuples que comme des corps séparés, distincts, n'ayant rien de commun, et la synthèse hardie des modernes qui finirait par tout confondre à force de vouloir tout généraliser.

Une dans son essence et son origine, la noblesse, chez les différents peuples, a été multiple et variable dans ses développements (1). Sans doute, par exemple, une des plus importantes attributions des classes nobles a été, dans les temps antiques, de recueillir les dogmes religieux, et d'en formuler les mystérieux symboles; mais le sacerdoce doit-il être considéré par ce motif comme un des attributs essentiels de la noblesse? Confondues chez quelques nations, les castes sacerdotales et les castes nobiliaires n'ont-elles pas été chez d'autres entièrement distinctes et séparées? et si, à toutes les époques, le corps sacerdotal a manifesté à peu près les mêmes tendances, a semblé animé du même esprit, a procédé avec les mêmes moyens, doit-on oublier qu'un abîme sépare le sacerdoce antique, fondé sur l'inégalité des races et travaillant sans relâche à maintenir les peuples dans leur infériorité intellectuelle, et le sacerdoce chrétien qui, se recrutant indifféremment dans tous les rangs de la société, avait reçu la mission sublime de préparer les hommes, proclamés déjà égaux devant Dieu, à devenir, quand les temps seraient venus, égaux devant la loi?

La possession exclusive des propriétés territoriales, réservée aux classes nobles, est encore un de ces attributs généraux qui ont dû frapper l'esprit

---

(1) Il faudrait écrire des volumes pour rapporter et discuter les opinions énoncées par les auteurs sur les différentes espèces de noblesse depuis Platon jusqu'aux écrivains modernes. Vulson de la Colombière en compte douze, et de la Roque jusqu'à vingt.

et attirer l'attention des savants. Là, les analogies sont nombreuses, les rapports évidents, les comparaisons faciles. Nous arrêterons-nous aux ressemblances? chercherons-nous dans les formules de la jurisprudence civile la preuve d'une identité absolue dans les transformations diverses qu'a subies la propriété chez les peuples anciens et chez les peuples modernes? et après avoir comparé sous tous les rapports les différentes époques héroïques, retrouverons-nous, au moyen âge grec comme au moyen âge romain, cette organisation féodale, regardée jusqu'ici comme un caractère propre à notre moyen âge? reconnaîtrons-nous nos nobles dans les *patriciens* et les *eupatrides*, nos serfs dans les *ilotes*, nos bourgeois dans les *affranchis*, nos seigneurs dans les *patrons*, nos vassaux dans les *clients?*

Et si, de l'état des personnes, nous passons à l'état des terres, abuserons-nous de la généralisation au point de confondre avec Loyseau (1) le domaine Quiritaire (*res mancipi* (2) des Romains avec l'alleu (3), et le domaine Bonitaire (*res nec mancipi*) avec le fief du moyen âge (4)? De pareils rapprochements sont ingénieux et instructifs sans doute; mais les différences sont, il faut le dire, bien plus nombreuses que les analogies; et c'est, encore une fois, apporter une confusion funeste dans l'histoire que de négliger les premières pour ne mettre en saillie que les secondes.

Nulle part cette manie, qui consiste à identifier les institutions et les hommes de toutes les époques, et qui n'est, à proprement parler, que la prétention de *trouver tout dans tout*, n'a été portée plus loin que dans les systèmes proposés pour expliquer les lois et les usages suivis dans la composition des signes et des attributs extérieurs destinés à distinguer la noblesse.

(1) Loyseau, *des Seigneuries*, ch. 1, n° 42 et suiv. — *Conf. Institutes de Gaius*, liv. II, § 40.

(2) *Mancipi* vient des mots *manus*, main, et *capere*, prendre. Les choses appelées *mancipi* sont celles qui sont *prises* avec la *main*, et dont l'origine est par conséquent le droit de conquête.

(3) Cujas fait venir le mot alleu, *alodium*, d'un possesseur de terre *sine lode* (sans redevance). Il est plus naturel de le tirer de la terre du *leude*, fidèle, ou de *drude*, ami. *Drudi et vassali* sont souvent réunis dans les actes. Leude est le *compagnon* de Tacite, *l'homme de foi* du roi dans la loi salique, et *l'anstrustion du roi* dans les formules de Marculfe.

(4) Fief (*feudum, feodum, foedum, fochundum, fedum, fedium, fenum*) vient de a *fide* latin, ou plutôt de *fehod* saxon, prix. Le mot *vassal*, qui a prévalu pour signifier homme de fief, ne paraît dans les actes que depuis le XIII° siècle. *Vassus* ou *vassalus* vient de l'ancien mot franc *gessel*, compagnons, la lettre *w* se changeant souvent en *g*: comme *waila*, guet: *wadium*, gaze; *wanti*, gants; etc.

Après avoir comparé les chevaliers du moyen âge aux héros d'Homère ou aux soldats de Sylla et de Pompée, confondu les jeux troyens ou grecs avec nos tournois et nos pas d'armes, il ne restait plus qu'à trouver l'écu blasonné de nos croisés aux bras de sept chefs devant Thèbes, et les armoiries savantes de nos seigneurs féodaux chez les douze tribus d'Israël, et sur les enseignes des cohortes romaines !

Il nous a paru utile de présenter ces réflexions générales, dans le but de démontrer d'avance à nos lecteurs que, tout en reconnaissant volontiers les rapports intimes qui existent entre les classes nobles de tous les temps et notre noblesse française, à laquelle est dédié l'ouvrage que nous reproduisons aujourd'hui, nous nous gardons bien de méconnaître les traits spéciaux et distinctifs qui lui sont propres. Nous ne croyons pas donner une meilleure introduction à notre ouvrage de la Vraie et parfaite Science des Armoiries, que le résumé de nos recherches sur l'origine, les attributions et l'influence de la noblesse française.

Un coup d'œil général sur la marche et le développement qu'a suivis la noblesse chez les principales nations de l'Europe, complétera ce tableau, en mettant en évidence les caractères divers qui la distinguent de la noblesse de France.

Puis, dans un travail d'un autre genre, en examinant les caractères extérieurs par lesquels la noblesse constate ses titres et perpétue le souvenir de ses grands hommes, nous chercherons à expliquer l'étymologie et la formation des noms de lieux et de familles, l'origine du blason et des armoiries, le symbolisme des couleurs, les différentes pièces employées pour meubler l'écu, tous ces signes emblématiques si ingénieux enfin, qui, nés au milieu des hauts faits de la chevalerie, ont conservé le reflet brillant de ces époques héroïques.

Une histoire complète exigerait plusieurs volumes : les idées sommaires que nous allons présenter reposent sur des travaux étendus et sérieux : nous serons heureux si nous parvenons à les dissimuler sous la rapidité et la clarté de notre exposition.

NOBLESSE FRANÇAISE.

'après l'état où se trouvait la Gaule vers la fin du quatrième siècle de notre ère, il sera facile de se faire une idée exacte des origines de la noblesse française.

Sur ce sol où, deux mille ans avant J.-C., s'étaient établis les Kimris (1), les Galls (2) et les Ibères, ces trois principales branches des races celtiques et germaniques (3), la domination romaine, depuis la conquête de J. César (4), avait effacé jusqu'aux dernières traces des institutions primitives. Les descendants des Ségovèse, des Bellovèse (5), et des Vercingétorix, n'avaient plus de Gaulois que le nom. Rome, en leur imposant son culte, sa langue, sa poli-

(1) Appelés *Cimmériens* par les Grecs et *Cimbres* par les Romains : ils se répandirent dans la Gaule, la Macédonie, l'Angleterre, la Chersonnèse Cimbrique, la Bohême et la Belgique.

(2) Du mot celtique *gael*, les Grecs ont fait Keltes, et les Romains *Galli*.

(3) Les principaux peuples qui composaient la race germanique sont les Kimris, les Goths et les Teutons ; ceux de la race celtique, les Ibères, les Pelasges et les Galls.

(4) Plutarque (*Vie de César*) rapporte que dans la conquête de la Gaule, il prit de force 800 villes, soumit plus de 300 peuples, et combattit contre trois millions d'hommes sur lesquels un million périt dans les batailles et un million fut réduit en captivité.

(5) *Vèse* est un terme de la langue celtique qui signifie au propre *montagne*, et au figuré homme puissant, chef : *Ségovèse*, chef des Segones (Sequaniens), et *Bellovèse*, chef des Belges.

tique, ses lois, ses mœurs, sa civilisation, n'avait fait de la Gaule qu'une prolongation de l'Italie (1) pour la vaste unité romaine. Il n'y avait plus depuis longtemps d'Alpes ni de Pyrénées. Après avoir participé à la grandeur de Rome, les Gaulois devaient aussi participer aux vicissitudes de ses destinées, tomber avec elle dans la licence et dans la corruption, s'énerver avec elle au milieu des jouissances du luxe et des arts, subir le joug des ambitieux qui se disputaient l'empire du monde, et voir au jour de la vengeance, c'est-à-dire au siècle des invasions, leur sol trembler sous les pieds des barbares.

La Gaule de Constantin, comme toutes les autres parties de ce Bas-Empire dont la face allait être renouvelée, était merveilleusement préparée à devenir la proie du premier occupant. Plus des neuf dixièmes des habitants dont elle était alors composée étaient esclaves, c'est-à-dire dans cette situation où l'homme, n'ayant pas à proprement parler de patrie, s'endort stupidement au bruit des révolutions, certain, quoi qu'il fasse, qu'il se réveillera sous un maître. Le reste de la nation se composait de riches familles *sénatoriales,* de-propriétaires moins opulents qu'on appelait *curiales ;* enfin des marchands et des artisans qui vivaient dans les villes, et qui étaient des affranchis sans considération et sans influence.

Cette partie aristocratique de la nation, comblée d'honneurs et de richesses par les empereurs romains, admise dans les sénats municipaux, dans les tribunaux, dans l'administration civile, avait été cependant soigneusement écartée de toutes les carrières qui eussent pu lui donner la moindre puissance politique. Rome, en donnant aux peuples qu'elle avait soumis les bienfaits de sa civilisation plus avancée, se réservait exclusivement la force et le pouvoir militaires. Au moyen de quelques légions armées, elle tenait la Gaule dans sa main ; et celle-ci, de son côté, dégagée du soin de veiller à sa propre défense, avait pris l'habitude de vivre sans inquiétude et sans souci sous la protection de la petite armée que lui envoyait la métropole.

Un autre pouvoir depuis deux siècles lui était venu en aide : la religion chrétienne, en qui résidait tout l'avenir du monde, lui avait envoyé ses évêques et ses prêtres. Répandus dans toutes les parties de ce grand corps

(1) César se contenta d'imposer à la Gaule un tribut d'un million. Il laissa à toutes les tribus leurs lois, leurs chefs et leurs biens, respecta la religion et combla les grandes familles de titres et de richesses.

dont ils étaient devenus l'âme, ils l'avaient ranimé par des paroles de vie, et la Gaule devait appartenir à celui qui s'emparerait du pouvoir matériel en se substituant à la garnison romaine, et du pouvoir moral en obtenant l'appui de l'influence sacerdotale. Les *quatre mille* compagnons de l'heureux Clovis eurent ce double avantage (1).

Les Francs appartenaient-ils à la race germanique? était-ce d'anciens Gaulois sortis jadis de la mère patrie, comme ceux qui étaient allés incendier Rome, piller le temple de Delphes, ou effrayer les habitants du Pont-Euxin? rentraient-ils dans les lieux qui avaient servi de berceau à leurs ancêtres, et vers lesquels les ramenait sans cesse depuis quatre siècles une fièvre belliqueuse, opiniâtre et indomptable que l'on pourrait prendre pour *le mal du pays?* C'est une opinion qui pourrait avoir pour elle d'assez fortes probabilités, et qui, effaçant toute distinction de race entre le peuple conquérant et le peuple conquis, assurerait à la noblesse française une origine plus vaste, en éclairant d'un jour nouveau l'histoire des divers éléments dont elle a été formée.

On sait qu'une opinion longtemps accréditée, et soutenue avec force par le comte de Boulainvilliers, ne veut reconnaître pour ancêtres à la noblesse féodale, et par suite aux nobles qui se sont illustrés à des époques plus récentes, que les compagnons de Clovis, ses *leudes*, ses *fidèles*, ses *anstrustions*, uniques possesseurs du territoire par droit de conquête, seuls investis des titres et des dignités soigneusement transmis à leurs descendants, et exclusivement maintenus à leurs familles.

Quelques considérations modifieront ce système dans ce qu'il a d'exagéré et de contraire à la vérité historique.

Les Francs n'avaient pas vaincu les Gaulois, mais les Romains, à la bataille de Soissons : en se mettant à leur place, ils avaient laissé subsister

(1) Les Francs habitaient de l'autre côté du Rhin, dans le pays qui comprend la Franconie, la Thuringe, la Hesse et la Westphalie. Ils ravagèrent les Gaules sous Gallien, et pénétrèrent jusque dans l'Espagne; ils reparurent sous Probus, sous Constance et sous Constantin. Constance transporta une de leurs colonies dans le pays d'Amiens, de Beauvais, de Langres, de Troyes, et conclut un traité avec le reste. Ils firent encore sous Maxime une irruption dans les Gaules et paraissent s'y être fixés pendant le règne d'Honorius, vers 420. On leur donne, comme on sait, Pharamond pour chef. « Comprenons toujours bien, dit Thierry, que ce nom de roi ne signifie que *chef militaire (Koning)*, de différents degrés : sous-roi, sur-roi, demi-roi, *ober, under, half koning.*

l'organisation qu'ils avaient trouvée. Ils se partagèrent d'abord les domaines
possédés par les chefs romains ; infiniment moins nombreux que les Gaulois, s'ils s'emparèrent de quelques-unes des vastes propriétés possédées par
les classes privilégiées, ils en laissèrent un nombre encore plus considérable
entre les mains de leurs anciens possesseurs. Presque tous les évêques
étaient tirés de la noblesse gauloise ; celle-ci subsista donc riche, propriétaire,
honorée à côté du noble et du soldat francs, plus avides de richesses mo-
bilières que de possessions territoriales. Ce qui préoccupa avant tout Clovis,
ce fut d'assurer sa prépondérance politique. Le clergé gaulois lui apprit à
tout conserver pour tout dominer. L'influence chrétienne devait peu à peu
embrasser dans sa vaste unité le peuple conquérant et le peuple conquis, et
préparer l'époque où le nom de Franc et celui de Gaulois viendraient se réunir et se confondre dans le nom de *Français*.

Lorsque l'on s'est efforcé de trouver chez les Francs seulement le point
de départ de la noblesse française, on a oublié cette alliance que la politique
et l'intérêt imposaient aux leudes de Clovis et aux nobles représentants des
familles sénatoriales gallo-romaines. Ce fut un partage, et non une spolia-
tion du plus grand nombre au profit du plus petit. Les expressions *nobili
genere* (de noble race), *nobili progenie* (de noble famille), *alto parentum
sanguine* (d'un sang antique et illustre), etc., appliquées aux Gaulois de
leur temps, revêtus de hautes fonctions civiles et militaires, se rencontrent à
chaque instant dans Grégoire de Tours, Fortunat, Adon, Sidoine Apolli
naire, Thégan, Frédegaire, Nithard ; d'un autre côté l'on sait que Chramnel,
Eunome, Mummol, Eudon, Parthenius, Celse, Richomère, Launebaude, Au-
rélien, Claude, etc., célèbres sous les rois mérovingiens, étaient des nobles
Gaulois, passés au service de la puissance dominante ; et le nom de *Franc,*
dès le sixième siècle, servit à désigner non plus la petite peuplade des Sa-
liens et des Sicambres, mais tous ceux qui vivaient sous l'empire de la loi
salique. A cette époque aussi les *Gallo-Francs* se laissèrent croître les che-
veux et la barbe pour effacer tout reste de différence extérieure entre eux
et les descendants des races chevelues.

Si l'on veut, à l'appui de cette opinion que justifient tous les témoignages
contemporains, un exemple analogue, qu'on se rappelle que Guillaume le
Conquérant, qui, cinq siècles plus tard (en 1066), s'établit en Angleterre

avec ses Normands, par le droit de conquête, ne dépouilla de leurs propriétés que ceux des Anglo-Saxons ou des Bretons qui l'avaient combattu, et qu'il laissa aux autres leur état et leur fortune. Le *Doomsday book* en offre la preuve irrécusable.

La nature des propriétés ne changea pas sous la domination franque. Les Gaulois que la conquête trouva libres restèrent libres : ceux qui ne l'étaient pas continuèrent à porter le joug auquel les avaient condamnés d'avance le code romain et les lois salique, ripuaire, saxonne, gombette et visigothe. Seulement, ainsi que le prouve le témoignage de Salvien (1), la propriété moyenne continua à se perdre dans la grande propriété, et le clergé se prépara, à l'aide des donations immenses dont il fut l'objet à cette époque, à cette grande richesse territoriale qui devait au douzième siècle prendre un si prodigieux accroissement.

Les Francs étaient, avant leur établissement dans les Gaules, parfaitement égaux entre eux (2). En remplaçant sous les noms de ducs, de comtes et de marquis (3) les préfets et les gouverneurs romains, les chefs guerriers devinrent maîtres des grandes propriétés appelées *alods* ou *alleux*, en latin *sortes*. De même que dans les forêts de la Germanie, le chef distribuait à ses compagnons des chevaux, des armes, des esclaves ; de même dans les champs de la Gaule, les leudes reçurent des rois, des terres et des domaines. Ces terres furent nommées *féods* ou *fiefs*, en latin *beneficia* (4), donnés en échange de certaines redevances et certaines conditions de foi et d'hommage, et commencèrent la dispersion et l'inégalité des Francs. Il n'y eut d'abord rien de fixe et de régulier dans la concession de ces dons qui étaient essentiellement révocables, mais avec plus ou moins de rigueur selon les forces et les intérêts de l'obligeant et de l'obligé. Les uns étaient tout à fait temporaires, les autres à vie, quelques-uns héréditaires. Le service militaire et quelquefois certains services domestiques en étaient l'obli-

---

(1) Salvien, *de Gubern. Dei*, lib. X, cap. 5, 169.

(2) Le *vase de Soissons* prouve qu'en certaines circonstances ils prétendaient être pareillement les égaux de leurs rois.

(3) Les noms de ducs et de comtes sont d'origine romaine ; ceux de marquis et de barons, d'origine germanique.

(4) Aug. Thierri, *Lettres sur l'histoire de France*, p. 192.

gation ordinaire, et la fidélité au donateur la conséquence indispensable ; mais toutes les autres conditions variaient et dépendaient de la volonté des parties. Les bénéfices donnés soit aux Francs, soit aux nobles Gaulois, se subdivisèrent en sous-bénéfices donnés par le premier bénéficiaire à ses compagnons : de là une hiérarchie inconnue aux temps anciens et toute spéciale à l'époque de la conquête ; de là plus tard cette série de vassaux et d'arrière-vassaux, liés les uns aux autres par des obligations semblables, et dans laquelle la relation envers le premier donateur était très-lointaine et très-vague.

Cette organisation, qui n'est autre que le *gouvernement féodal*, ne put s'établir immédiatement ; les donateurs d'une part durent faire tous leurs efforts pour conserver le droit de révoquer et de reprendre à volonté les bénéfices qu'ils avaient accordés, et les bénéficiés à les posséder héréditairement : quatre siècles de luttes donnèrent gain de cause aux derniers ; et la féodalité devint l'ordre social.

Ce qu'il y a de certain, c'est qu'en se mêlant aux *Gallo-Romains*, les *Francs* subirent dans leurs mœurs et leurs institutions des modifications profondes (1). La royauté mérovingienne se façonna peu à peu aux pompes de la monarchie impériale ; l'antique égalité germanique disparut, surtout dans cette partie de la Gaule appelée *Neustrie* où dominaient les souvenirs de la Gaule romaine ; et bien que le triomphe de l'Austrasie (2), en substituant à la famille de Clovis l'administration des maires du palais, représentants de l'esprit d'indépendance germanique, eut pendant quelque temps arrêté le mouvement d'assimilation qui opérait la fusion entre les deux peu-

(1) L'*indépendance* était tout le fond d'un Barbare, comme la *patrie* était tout le fond d'un Romain, selon l'expression de Bossuet. Être vaincu ou enchaîné paraissait à ces hommes de batailles et de solitudes chose plus insupportable que la mort : rire en expirant, la marque distinctive du héros. Saxon le grammairien dit d'un guerrier : « Il tomba, rit et mourut. » (Mallet, *Introduction à l'Histoire du Danemark*, cap. 19, Sax. gramm.)

(2) D'abord à la bataille de Testry (687), gagnée par Pépin d'Héristal, et plus tard à celle de Vincy. gagnée en 717 par Charles-Martel.

Dans cette bataille, la plus grande perte tomba sur les tribus qui se servaient encore de la langue germanique, les vainqueurs firent graduellement prévaloir les mœurs et la langue romanes. Cette bataille prépara encore une révolution par un autre effet ; la plupart des anciens chefs francs y périrent, ce qui amena au rang supérieur des chefs d'un rang secondaire, la plupart Gaulois. Ces seconds Francs, fixés dans leurs fiefs, devinrent, sous la troisième race, la tige de la haute noblesse française.

ples, le moment arriva où la France du Midi se sépara définitivement de la France du Nord (1), et où les Francs et les Gallo-Romains se trouvèrent identifiés, comme nous l'avons dit, sous le nom de Français.

Mais alors la hiérarchie et l'inégalité se trouvaient établies par la force même des choses.

Exposons rapidement les causes qui généralisèrent en France le système féodal qui, déjà préparé dès les premiers jours de la conquête par les partages faits aux compagnons des rois francs, fut définitivement consacré comme un fait et comme un droit sous les successeurs de Charlemagne.

La tâche de la race mérovingienne semble avoir été uniquement d'opérer la fusion des Gaulois et des Francs; celle des premiers Carlovingiens, d'opposer aux invasions des autres peuples attirés par l'exemple de Clovis une insurmontable barrière. La vaste personnalité de Charlemagne n'a pas eu du moins d'autre résultat politique. Jusqu'à lui, les titres conférés aux chefs chargés du commandement des provinces, revêtus des fonctions administratives, civiles et judiciaires, furent considérés comme des émanations de la volonté royale ou du vœu national; surtout comme des bénéfices essentiellement révocables. Quant aux terres partagées entre les grands ou les petits dignitaires, quelques-uns de leurs *alods*, en petit nombre, avaient été donnés avec le droit d'une possession entière, les autres féods ou fiefs, récompenses des services rendus ou des talents, n'avaient été que des bénéfices temporaires.

Tant que la puissance royale fut forte et tutélaire, ces distinctions purent être maintenues, et les droits réciproques des donateurs et des donataires plus ou moins respectés. Mais il arriva que les faibles successeurs du grand monarque, plus ambitieux encore qu'impuissants, s'énervèrent dans des luttes privées. Il arriva aussi que, préoccupés de leurs intérêts particuliers, attirés au delà des monts par le partage de la couronne impériale, ils perdirent de vue, pour obtenir le vain titre de successeurs des Césars, celui de successeurs de Clovis et de Charles-Martel. Pendant ce temps s'opérait en silence la dissolution du territoire de la Gaule : les duchés se subdivisaient en comtés, ceux-ci en vicomtés, puis enfin ceux-ci encore en *sireries* et en

______

(1) Bataille de Fontenay ou de Fontanet, en 841 ; traité de Verdun entre Charles le Chauve et Louis le Germanique (842).

seigneuries. L'hérédité se substituant à l'investiture donnée précédemment par le prince, le fils du comte succédant sans obstacle aux domaines et aux offices de son père, la distinction entre le magistrat *envoyé du roi* et le seigneur propriétaire du sol fut effacée. Les titres n'exprimèrent plus des dignités, des honneurs, des offices; ils devinrent le signe de la souveraineté. Dès lors la féodalité avait pris racine. La dynastie de Charlemagne se trouva entièrement dépouillée de toute puissance et de toute autorité, et quand elle ne put pas même accomplir la mission qui lui avait été dévolue de défendre le sol contre les pillages et les invasions des pirates du Nord (1); quand les peuples s'accoutumèrent à considérer les *ducs* et les *comtes* comme leurs défenseurs naturels et comme leur plus solide appui ; quand, par un acte qui peut être regardé comme le testament de la monarchie carlovingienne, Charles le Simple, ouvrant la Neustrie aux Normands, avoue par cette cession forcée son impuissance et sa faiblesse, il se trouva que les droits et les fonctions de la souveraineté appartenaient à tous les chefs, excepté à celui qui en portait les augustes insignes. Pour la seconde fois le monarque de nom disparut devant le monarque de fait. Ceux des nobles que l'étendue de leur gouvernement et l'importance de leur commandement avaient faits les *pairs du roi*, devinrent rois à leur tour : seulement ils consentirent, grâce sans doute au souvenir des services rendus au pays dans les luttes contre les Normands, à laisser tomber le diadème sur la tête du duc de France, à condition qu'il respecterait les droits acquis de ceux qui ne le regardaient que comme un de leurs égaux (*primus inter pares*) et bien déterminés, s'il s'avisait de leur demander qui les avait faits ducs ou comtes. à lui répondre : « *Qui vous a fait roi ?* »

Si l'on a bien suivi les développements dans lesquels nous venons d'entrer, on aura pu voir que, tout en notant les diverses causes qui avaient produit cette féodalité, dont nous allons plus loin examiner le caractère et l'influence, nous avons eu soin de montrer que la noblesse féodale n'est autre que la noblesse gallo-française continuée et transformée, et destinée à vivre immortelle et toujours persistante, même après que l'organisation politique

---

(1) Charlemagne put apercevoir de loin les voiles des Normands se dirigeant vers les côtes de France « Hélas ! s'écria-t-il en versant des larmes, s'ils osent se montrer pendant que j'existe encore, que « feront-il donc lorsque je ne serai plus ? »

et sociale, consacrée à son profit par l'édit de Kiersy-sur-Oise et l'avénement des Capétiens, aura disparu devant l'immense insurrection des communes et sous les attaques réitérées de Philippe le Bel, de Louis XI et de Richelieu.

Le domaine direct des premiers Capétiens comprenait les pays qui forment aujourd'hui les quatre départements de la Seine, Seine-et-Oise, Oise et Loiret (1). Leur suzeraineté était à peu près reconnue par la maison de Champagne (sept départements), la maison de Bourgogne (trois dép.), le comte de Normandie (cinq dép.), le duc de Bretagne (cinq dép.), le comte de Flandre (quatre dép.), le comte d'Anjou (trois dép.), le comte de Vermandois (deux dép.), le comte de Boulogne (un dép.); total : trente des départements d'aujourd'hui. Elle était prétendue et non reconnue sur les trente-quatre départements du Midi; et elle n'était ni prétendue ni reconnue sur les dix-huit départements de l'Est, compris dans les royaumes de Provence et de Lorraine.

On évalue à un million la population noble de cette époque, et à plus de cent mille le nombre des guerriers. On comptait soixante-dix mille fiefs dont trois mille titrés; et parmi ceux-ci près de cent États souverains grands et petits (2).

On peut se faire, d'après ces chiffres, une idée du morcellement qu'avaient subi à la fois l'autorité souveraine et la propriété territoriale. Alors la maxime : *Nulle terre sans seigneur* reçut son application universelle. La fixité dans les institutions humaines, si difficile à obtenir quand on la fonde sur l'homme lui-même, dont la vie est si passagère et si fugitive, parut être enfin trouvée, lorsqu'elle reposa sur la terre elle-même. Le fief, immobile de sa nature, sembla conférer à celui qui le possédait une valeur plus ou moins grande; et la dignité jusqu'alors attachée à la personne lui fut en quelque sorte conférée par la propriété : *tant valut la terre, tant valut l'homme.*

La souveraineté ainsi éparpillée se trouva donc partout indépendante et distincte. Les grands vassaux étaient *pairs entre eux*, et n'avaient dès lors entre eux rien de commun que la suzeraineté. Chacun ayant des droits et

____

(1) Sismondi, *Histoire des Français.* — Guizot, *Essais sur l'histoire de France.* — Aug. Thierri. *Lettres.* — Chateaubriand, *Études historiques.*

(2) Chateaubriand, *Études historiques*, t. III, p 339.

des intérêts particuliers à défendre, s'isola dans sa part de royauté! Seigneurs d'autres vassaux, pairs aussi entre eux, lesquels étaient aussi seigneurs d'arrière-vassaux, ils s'étaient habitués peu à peu à mépriser toute autre puissance que la force, et à ne vouloir relever que d'eux-mêmes et de Dieu (1).

Placés d'une manière aussi indépendante en face de la royauté capétienne, ils auraient probablement fini par la perdre entièrement de vue (2); mais tandis qu'ils résistaient aux rois avec tant de liberté, eux-mêmes éprouvaient une égale résistance de la part de leurs inférieurs. Sur tous les points de ces gouvernements multipliés, le sol s'était hérissé de châteaux et de forteresses, autour desquels se groupaient une multitude de vassaux armés, prêts à marcher au moindre signal.

Du Cange compte plus de quatre-vingts espèces de vassaux s'échelonnant depuis le plus simple élément social, jusqu'aux distances royales, depuis le fief écuyer qui ne fournissait qu'un seul vassal armé, jusqu'au fief souverain. Pour mettre en jeu une machine aussi compliquée les pairs du roi auraient eu besoin d'une obéissance qu'ils ne rencontraient pas toujours; et plus d'une fois la nécessité d'un pouvoir modérateur, soit entre les grands vassaux, soit entre ceux-ci et les seigneurs moins puissants, qui leur étaient subordonnés, rendit indispensable l'intervention de l'autorité royale. Le génie des successeurs de Hugues Capet sut tirer parti de cet immense privilége pour opérer cette grande révolution qui ramena peu à peu entre leurs mains la puissance politique et l'autorité souveraine précédemment répartie sur tant de têtes diverses (3).

Mais l'organisation féodale était un résultat tellement nécessaire de l'état de la société à cette époque, elle était une image si fidèle de l'aspect général que présentait la nation française dans sa composition d'éléments hétéro-

(1) L'empereur Frédéric Ier traversait la ville de Thongue: le baron de Kreukingen, seigneur du lieu, ne se leva pas devant lui et remua seulement son chaperon en signe de courtoisie.

(2) Les ducs d'Aquitaine, en refusant de reconnaître Hugues Capet, dataient ainsi les actes qu'ils publièrent: *Rege terreno deficiente*, *Christo regnante*, sous le règne du Christ, en l'absence du roi terrestre.

(3) Paris était un composé de fiefs: neuf d'entre eux relevaient de l'évêché, les autres appartenaient aux abbayes de Sainte-Geneviève, de Saint-Germain des Prés, de Saint-Victor, du grand prieuré de France, et du prieuré de Saint-Martin des Champs.

gènes, de principes contradictoires, de races multiples et de législations différentes, qu'il ne fallut pas moins de six cents ans pour que ces innombrables fiefs allassent se perdre et se confondre dans l'unité nationale qui avait été leur point de départ, de même que les fleuves qui, partis de l'Océan, reviennent par mille voies et par mille détours se perdre et se confondre dans son vaste sein.

Dès le règne de saint Louis, cependant, il ne restait plus de grands vassaux étrangers à la famille royale que les comtes de Flandre et de Champagne, les ducs de Bourgogne, de Bretagne et d'Aquitaine, indépendants dans leurs États, mais hommes liges du roi de France et se reconnaissant comme grandement inférieurs à lui. Louis IX, pendant que son bisaïeul possédait à peine cinq à six de nos départements actuels, régnait donc, par lui-même ou par ses frères, sur quarante-cinq de ces divisions modernes. Il est peu d'exemples dans l'histoire d'une grandeur obtenue si rapidement et par de si faibles moyens; elle est due sans doute à la force des choses qui entraînait invinciblement toutes les parties de l'ancienne Gaule à refaire une nation unique sous un gouvernement central, mais aussi à l'habileté de cinq grands personnages qui administrèrent le royaume de France, Louis VI, Suger, Philippe-Auguste, Blanche de Castille et saint Louis.

Ces six siècles se distinguent par des vertus et par des crimes qui leur sont propres. Chaque seigneur réunissait en sa personne les pouvoirs législatifs, militaires, administratifs. Jamais il n'y avait eu dans le monde un aussi grand nombre d'individualités fortes et puissantes. Si la force centrale et sociale était nulle, ou insensible, en revanche chaque homme possédait une énergie propre, qui l'élevait à une grande hauteur, soit en bien, soit en mal.

« Alors, dit M. de Chateaubriand, dans l'admirable ouvrage où il a réuni les matériaux destinés à l'imposant monument historique qu'il se proposait d'élever (1), alors naquit l'honneur, vertu qui consiste souvent à sacrifier les autres vertus; vertu qui peut trahir la prospérité, jamais le malheur; vertu implacable quand elle se croit offensée; vertu égoïste et la plus noble des personnalités; vertu enfin qui se prête à elle-même serment et qui est sa propre fatalité, son propre destin (2). »

(1) Chateaubriand, *Études historiques*, tom. III, p. 370.

(2) Un chevalier du Nord tombe sous son ennemi : le vainqueur, manquant d'arme pour achever sa

La conséquence de cette indépendance individuelle fut une immense variété, une originalité étonnante dans les mœurs, les usages, les lois, les coutumes (1). Il ne faut pas croire cependant que l'organisation de la féodalité ne fût qu'un chaos informe sans règles et sans principes (2). C'est précisément au contraire le mélange de la puissance individuelle la plus grande qui ait jamais existé, avec l'organisation uniforme et générale que reçut la législation des fiefs, qui donne à cette époque mémorable une physionomie si extraordinaire.

N'oublions pas de rappeler qu'à cette époque naquit la chevalerie (3), et ces ordres religieux et militaires produits de la piété et de l'héroïsme militaire, qui seront à jamais la gloire du moyen âge, en attestant jusqu'à quel point le dévouement au malheur, le courage et la foi s'unirent alors dans une pensée commune de charité et d'amour (4). Le saint sépulcre eut ses défenseurs ; le temple, ses héros ; les pèlerins et les blessés, un toit hospitalier. L'esprit d'individualité, né de l'indépendance, trouva dans l'inspiration religieuse un contre-poids utile : après avoir inspiré la *trève de Dieu*, qui suspendait les vengeances et les guerres entre les enfants du même sol,

---

victoire, convient avec le vaincu qu'il ira chercher son épée. Le vaincu demeure religieusement dans la même attitude jusqu'à ce que le vainqueur vienne l'égorger. (Mallet. *Introd. à l'Hist. de Danemark.*)

(1) On pourrait en citer mille exemples. Dans une fête à laquelle Henri II d'Angleterre, Alphonse d'Aragon et Raymond VI de Toulouse assistaient un simple chevalier fit labourer un arpent de terre et y sema 30.000 sous ; un autre fit cuire tous les mets à un feu de flambeaux de cire ; un troisième fit brûler trente de ses chevaux

(2) *Basnage* (sur le titre des fiefs de la coutume de Normandie) fait observer que les ducs de cette province ont, avant tous les autres, fait des règlements sur cette matière. Les *Assises de Jérusalem*, rédigées en l'an 1099 par Godefroy de Bouillon, *sur l'Avis des Patriarches et des Barons*, les coutumes de *Champagne*, celles de *Bretagne*, etc., ont embrassé les innombrables questions que soulevait le droit féodal.

(3) La chevalerie est née du mélange des nations arabes et des peuples septentrionaux, lorsque les deux grandes invasions du Nord et du Midi se heurtèrent sur les rivages de Sicile, de l'Italie, de l'Espagne, de la Provence, et dans le centre de la Gaule : elle nous donne une date à peu près certaine comprise entre l'an 700 et l'année 755.

Le caractère de la chevalerie se forma parmi nous de la nature sentimentale et fidèle du Teuton et de la nature galante et merveilleuse du More ; l'une et l'autre pénétrées de la forme du christianisme.

(4) L'histoire des ordres de chevalerie, considérés dans leur état ancien et dans leur situation actuelle, pourrait être l'objet d'un ouvrage plein d'intérêt. Nous aurons soin, dans les divers articles qui leur seront consacrés dans *la Vraie et parfaite Science des Armoiries*, de mettre sous les yeux de nos lecteurs tous les documents propres à les faire connaître.

la religion élevait les âmes vers un sentiment plus généreux encore en les habituant à considérer comme des frères les chrétiens des différents pays du monde (1).

L'Église avait eu la principale part à la création du système féodal. Nous avons essayé de caractériser ailleurs (2) l'immense influence qu'elle exerça au moyen âge, et le degré de puissance auquel elle était parvenue dès le commencement du douzième siècle (3).

« Dans les autres parties de l'Europe, dit M. de Chateaubriand, que nous aimons à citer (4), la même cause agit, les mêmes faits s'accomplissent : le monarque n'est plus que le chef de nom d'une aristocratie religieuse et politique, dont les cercles excentriques vont se resserrant autour de la couronne; dans chacun de ces cercles s'inscrivent d'autres cercles qui ont des centres propres à leur mouvement; la royauté est l'axe autour duquel tourne cette sphère compliquée. »

Au milieu de cette vie bruyante et si puissamment accidentée, sous l'influence de sa forte éducation militaire et sacerdotale, la population s'était rapidement accrue. Alors s'élevèrent une multitude de villes, produits des efforts énergiques de l'industrie et du commerce; alors se formèrent les communes, conquêtes du génie et de la patience du serf s'abritant sous l'autorité royale pour se rendre indépendant de son seigneur (5).

Pour triompher de cette multitude de souverainetés au milieu desquelles elle avait été pendant quelque temps inaperçue, la royauté trouva dans les circonstances extérieures et dans sa position exceptionnelle des armes puis-

---

(1) Les croisés, malgré la diversité des langues, s'étaient montrés comme un peuple de frères unis dans un même esprit pour l'amour du Seigneur. (*Foulcher de Chartres.*)

(2) *Archives Nobiliaires universelles*, bulletin du Collège archéologique de France, art. *Grégoire VII, ou la Papauté au moyen âge*, p. 195.

(5) Le monastère de Saint-Martin d'Autun possédait 100,000 *manses* ou familles de colons; celui de Saint-Riquier possédait, dès le huitième siècle, outre la ville comprenant 2,500 manses, 63 autres villes ou villages, un nombre infini de métairies, terres, péages, revenus , etc. Les offrandes faites au tombeau de Saint-Riquier montaient à deux millions par an.

(4) *Etudes historiques*, tom. III, p. 266.

(5) Consulter, pour l'histoire de la formation des communes : Suger, *Vie de Louis VI, dit le Gros* ; Guizot, *Civilisation française*, tom. IV, 12ᵉ leçon ; Orderic Vital , liv. XI, *Vie de Guibert de Nogent*, écrite par lui-même; Aug. Thierri. *Lettres sur l'Histoire de France* ; Sismondi, *Histoire des Français*, tom. IV.

santes dont elle sut se servir avec une merveilleuse adresse. Les croisades (1),
les exploits de la chevalerie, les luttes avec l'étranger couvrirent la noblesse
de gloire, mais amenèrent peu à peu l'anéantissement de son influence politique. Les croisades, cet élan sublime du cœur, cet entraînement chevaleresque d'une foi naïve et profonde, enlevèrent les hauts et puissants barons
à leurs châteaux et à leur existence princière. En quittant tout pour aller
défendre le tombeau du Christ, en confiant à d'autres mains le droit de
commander à leurs vassaux et de leur rendre la justice (2), ils laissaient
derrière eux une puissance qui saurait profiter de leur absence et s'enrichir
à leurs dépens. Eux-mêmes, dans leur empressement à courir à la voix des
Pierre l'Ermite, des saint Bernard et des saint Louis, obligés de pourvoir
aux frais immenses qu'imposaient à leur rang les expéditions lointaines, ils
échangèrent contre l'argent accumulé à grand'peine par les bourgeois des
villes (3), ou les serfs des campagnes, leurs châteaux, leurs domaines,
leurs terres et leurs droits seigneuriaux.

Leur bouillante valeur, leur intrépidité guerrière devaient encore tourner
contre eux. Plus ils se signalaient par leurs prouesses en face de l'invasion
étrangère, plus ils travaillaient à l'agrandissement du pouvoir royal, habile
à profiter de leurs victoires aussi bien que de leurs défaites. Divisés entre
eux, n'ayant point de but commun, jaloux avant tout de conserver leur indépendance, ils ne pouvaient lutter avec avantage contre le principe monar-

(1) On doit aux croisades la recomposition des grandes armées décomposées par les petits cantou-
nements militaires de la féodalité. Les serfs représentaient le peuple français dans les camps, comme
les bourgeois dans les villes. La chrétienté parut aussi pour la première fois comme une immense nation
agissant par l'impulsion d'un seul chef: ce qui annonçait l'avénement de cette grande puissance tutélaire
qu'on appelle monarchie.

(2) La justice seigneuriale se divisait en deux degrés : haute et basse justice : toutes deux étaient
du ressort du seigneur de trois châtellenies et d'une ville close, ayant droit de marchés, de péage, de
lige-estage, c'est-à-dire du seigneur qui pouvait obliger ses vassaux à faire la garde de son chastel.

Le baron ne pouvait être jugé que par ses pairs. Il y avait des pairs bourgeois pour les bourgeois.

(3) Le bourgeois du moyen âge était un personnage important. Il y avait de grands, de petits et de
francs-bourgeois ; le bourgeois pouvait posséder certains fiefs. Le nom de bourgeois signifiait quelquefois homme de guerre, il ne dérogeait point à la noblesse. Les nobles qui étaient bourgeois de certaines
villes étaient dispensés de l'arrière-ban. Les habitants de Paris s'appelaient les *bourgeois du roi*. Charles V
accorda des lettres de noblesse à tous les bourgeois de Paris. Elles furent confirmées par Charles VI,
Louis XI, François I*er* et Henri II.

chique, s'avançant avec une adresse calme et persévérante vers un but unique, sous l'inspiration d'une seule pensée, habile à trouver dans les coutumes
et les lois féodales elles-mêmes les moyens d'augmenter sans relâche le domaine de la couronne ; ici confisquant la Normandie sur Jean-sans-Terre,
avec l'assistance de la cour des pairs (1), là, s'assurant, par des mariages
habilement combinés, l'Anjou, la Guienne, la Bourgogne, la Bretagne ;
lorsque enfin cette milice héroïque, qui s'était partagé la France, s'aperçut
que le seigneur suzerain du petit duché de France, l'héritier des comtes de
Paris, devenu maître d'une moitié de la France, s'apprêtait, en attendant
le moment où l'autre moitié viendrait s'y réunir, à confisquer à son profit
le droit de juger, de battre monnaie et de commander les armées ; lorsque,
pour défendre les droits souverains que leur avaient transmis leurs ancêtres,
ils songèrent à se liguer, à s'unir, à combiner leurs efforts, ils virent se
dresser entre eux et le pouvoir royal cette multitude de milices bourgeoises
dont ils avaient si imprudemment eux-mêmes favorisé l'émancipation ; alors
ils se comptèrent et ils purent voir jusqu'à quel point leur nombre avait été
diminué par le trépas des illustres chevaliers qui avaient arrosé de leur sang
les champs de bataille de Courtrai, de Crécy, de Poitiers et d'Azincourt (2).
Lorsque enfin le bruit de la hache du bourreau, qui faisait tomber la tête du

(1) On ne sait point de quels seigneurs était composée la cour qui rendit ce jugement ; il est probable qu'on y voyait le duc de Bourgogne et les barons qui relevaient immédiatement de la couronne :
c'étaient là les pairs, les *magnats*, les *optimates*, du royaume de France. Mais, vers ce temps, on régu-
larisa la cour du roi sur le modèle de la cour romanesque de Charlemagne, et on la réduisit à *douze
pairs* : six laïques, les ducs de Normandie, de Bourgogne et d'Aquitaine, les comtes de Flandre, de
Champagne et de Toulouse ; six ecclésiastiques, l'archevêque de Reims, les évêques de Laon, de Noyon,
de Beauvais, de Châlons et de Langres.

(2) Sur ces batailles voyez les *Vies des illustres Capitaines au moyen âge*, par Mazas.
La bataille de Poitiers coûta à la France 11,000 morts ; 13 comtes, 70 barons et 2.000 chevaliers
furent faits prisonniers. « Là périt toute la fleur de la chevalerie de France, de quoi le noble royaume
« fut durement affaibli. » (Froissart, p. 211.)
A la bataille de Courtrai, le roi de Bohême, vieux et aveugle, ayant fait attacher son cheval aux
chevaux de deux de ses barons, « pour férir un coup d'épée, » se jeta dans la mêlée et y resta avec
ses compagnons.
Avec lui périrent les ducs de Bourbon et de Lorraine, les comtes d'Alençon, de Flandre, de Nevers,
de Savoie, 6 princes, 2 archevêques, 80 barons à bannières, 1,200 chevaliers et 30,000 soldats « Nul
« n'était pris à rançon, ni à merci, et ainsi l'avaient ordonné les Anglais entre eux. » (Froissart,
tom. II, p 350.)

duc de Nemours, apprit à la noblesse féodale que toute force était passée au pouvoir monarchique, elle ne fut pas découragée : elle avait perdu ses droits et ses priviléges politiques; devenue une puissance toute morale et toute intellectuelle, elle saura se faire une place honorable en face de la monarchie absolue qui commence à Louis XI pour arriver à Louis XIV. Ainsi se confirmeront les idées que nous avons émises sur les caractères constitutifs de la noblesse.

La féodalité a péri : ce n'était qu'une des formes extérieures de la souveraineté ; ce n'était pas la noblesse elle-même. Dépouillée du sceptre et de la main de justice, forcée de plier sous la main de fer de la royauté absolue, la noblesse, dans les guerres qu'eut à soutenir la France, sut encore se maintenir au premier rang. Elle se trouva partout où il y avait quelque danger à courir, quelque expédition chevaleresque à tenter, quelque armée ennemie à repousser du territoire. Elle était avec Charles VIII à Fornoue, avec Gaston de Foix à Ravenne, avec Bayard à Marignan. Enfin lorsqu'à la suite des guerres d'Italie et de nos conquêtes lointaines, aussi rapidement perdues qu'effectuées, il fallut porter les premiers coups à la maison d'Autriche, en attendant le jour où celle-ci succomberait sous les efforts de Richelieu (1), elle courait avec le duc de Guise faire lever le siége de Metz aux cent mille combattants commandés par Charles-Quint.

La substitution des armées régulières aux milices féodales (2), à l'infanterie bourgeoise, instrument de l'omnipotence royale, à la cavalerie, qui avait donné la vie à la féodalité, ne ferma pas à la noblesse la carrière militaire. François Ier, Henri IV et Louis XIV, qui s'honoraient du titre de gentilshommes, trouvèrent qu'à Marignan, à Ivry, à Fontaine-

---

(1) Armand-Jean du Plessis de Richelieu appartenait à une ancienne famille du Poitou; il naquit en 1585 et était le troisième fils de François du Plessis et de Suzanne de la Porte. Sacré évêque à 22 ans, il obtint la pourpre par la faveur de la reine mère en 1603. Armand avait aussi deux sœurs ; l'une épousa René de Vignerod, seigneur de Pont-Courlay, et ses descendants ont pris le nom et les armes de Richelieu ; l'autre épousa Urbain de Maillé, marquis de Brezé.

(2) Les premières armées régulières organisées en Europe sont, comme on le sait, l'ouvrage de Charles VII : ce fut François Ier qui fonda l'infanterie française qui remplaça les fantassins allemands, pris à notre solde. Cette infanterie fut d'abord formée sur le modèle des légions romaines et divisée en corps de 6,000 hommes. On adopta plus tard les bandes de 5 à 600 hommes, origine de nos régiments. (Gaillard, *Histoire de François Ier* ; Brantôme, *Vies des illustres Capitaines du XVIe siècle*.)

Française, à Rocroy et dans tous les *combats de géants* livrés pour soutenir leurs droits, c'étaient encore les descendants des anciens preux du moyen âge qui se pressaient avec le plus de dévouement autour du panache blanc! La marche rapide suivie par la monarchie pour arriver au gouvernement absolu fut retardée par les guerres de religion (1).

L'appel fait à l'indépendance individuelle eut pour résultat immédiat de réveiller l'ardeur des fils et des héritiers des grands seigneurs féodaux; et l'on put croire, pendant quelque temps, que les jours de la féodalité allaient renaître, au moment même où la royauté triomphante, affranchie de tout contrôle et de toute autorité rivale, semblait n'avoir plus rien à craindre des anciens possesseurs du territoire. Appelée dans cette cour brillante et dépravée qui lui restituait en dignités et en distinctions honorifiques ce qu'elle leur avait enlevé en puissance et en force réelle, la noblesse se trouva tout à coup aux prises avec les exigences de la bourgeoisie qui prenait au sérieux les principes d'indépendance proclamés par Luther. Elle songea plus que jamais à faire encore des tentatives pour s'affranchir du joug qui commençait à peser indifféremment sur toutes les têtes. Les discordes civiles favorisèrent ces essais de démocratie seigneuriale. Les Rohan, les Condé, les Coligny, les Guise, les Montmorency, au milieu des guerres qui eurent lieu entre les catholiques et les huguenots, dont le nombre s'était si prodigieusement accru, se crurent au moment de se partager encore une fois les lambeaux du manteau royal et de refaire la France de Hugues Capet (2).

Le génie italien vint au secours du pouvoir monarchique entouré d'ennemis et de rivaux. Il les divisa pour triompher d'eux plus aisément, il usa leur énergie par sa politique machiavélique, assassinant Coligny et ses gentilshommes protestants au nom des exigences religieuses, et l'héroïque duc

---

(1) Une grande partie de la noblesse s'était jetée dans la ligue protestante. Dans chaque province elle se donna des chefs : la Rochefoucauld dans le Poitou, Rohan dans la Bretagne, Grammont dans la Gascogne, Montgommery dans la Normandie.

(2) En 1555, il n'y avait encore qu'une seule église réformée en France: quatre ans après, en 1559, il y en avait deux mille.

Huguenot vient de *Eidgenossen*, confédérés, titre par lequel on désignait, dès 1518, les partisans de la liberté à Genève.

de Guise (1) et ses illustres amis au nom des exigences politiques (2).

La *Ligue,* indépendamment des motifs religieux qui l'avaient suscitée, fut le dernier essai tenté par les chefs de la noblesse pour ressaisir leur ancienne indépendance et rentrer dans une partie de leurs droits souverains. Richelieu fut le Louis XI destiné à mettre fin à cette dernière tentative (3) ; sa main implacable alla chercher au fond des provinces les plus reculées les moindres vestiges de la puissance féodale, et il arriva qu'au moment où il terminait sa carrière agitée et sanglante, il n'avait que trop bien préparé la base sur laquelle s'éleva plus tard la monarchie absolue de Louis XIV (4).

Les lettres, les arts, les sciences, la magistrature, les finances, la guerre, offrirent, à défaut de prépondérance politique, un champ assez brillant et assez vaste pour que la noblesse y trouvât d'amples dédommagements (5). Elle fut l'ornement le plus splendide de cette puissante monarchie qui s'était élevée sur ses ruines ; et quand dans la suite la bourgeoisie, contre laquelle elle eut à défendre l'inviolabilité du principe monarchique, devint assez

(1) René II, duc de Lorraine, laissa trois fils : 1° Antoine, qui lui succéda, mourut en 1544 et eut pour successeur son fils Charles III ; 2° un cardinal, mort en 1550 ; 3° Claude, comte de Guise, qui, ayant eu pour sa part les domaines que sa maison possédait en France, vint s'y établir sous Louis XII, fut nommé gouverneur de Champagne, duc et pair par François Ier, et mourut en 1550 ; il avait eu douze enfants, entre autres : 1° François, dit le Grand, duc de Guise, assassiné en 1562 ; 2° Charles, cardinal de Lorraine ; 3° Claude, duc d'Aumale ; 4° Louis, cardinal de Guise ; 5° René, marquis d'Elbeuf ; 6° François, grand prieur de Malte en France. Une des trois filles de Claude, Marie de Lorraine, épousa Jacques VI, roi d'Écosse, et fut mère de Marie Stuart.

(2) Voir les *Mémoires* de d'Aubigné, de Tavannes, le journal de l'Estoile et les mémoires du temps.

(3) Richelieu avait quitté la robe de pourpre pour l'équipement militaire (1629).

« Il était, dit Portes, revêtu d'une cuirasse de couleur d'eau et d'un habit de couleur de saule mort, sur lequel il y avait une broderie d'or. Il avait une plume autour de son chapeau, deux pages marchaient devant lui à cheval ; l'un portait ses gantelets, et l'autre son habillement de tête. Deux autres pages marchaient à ses côtés et tenaient chacun par la bride un coursier de prix. Derrière lui était le capitaine de ses gardes. Il passa en cet équipage la rivière de Droive, à cheval, ayant l'épée au côté et deux pistolets d'arçon à la selle. Lorsqu'il fut arrivé à l'autre bord, il fit cent fois voltiger son cheval devant l'armée, se vantant de savoir quelque chose dans cet exercice. »

(4) Richelieu avait rendu la France grande et puissante. L'Alsace, la Lorraine, l'Artois, la Catalogne et la Savoie étaient conquises. On avait levé deux cent mille hommes, équipé cent vaisseaux, dépensé par an 66 millions pour la guerre. « La postérité aura peine à croire, disait-il, que dans cette guerre le royaume eût été capable d'entretenir sept armées de terre et deux navales. »

(5) La noblesse se jeta alors avec passion dans la carrière de la marine, ouverte par les édits de Louis XIV, qui y prodigua les faveurs et l'avancement. C'étaient, pour les enfants hardis de la Bretagne

nombreuse et assez forte pour se saisir à son tour du sceptre politique ;
quand insurgée contre tous les pouvoirs, cette bourgeoisie s'arma contre la
monarchie et contre la noblesse de tous les pouvoirs qu'elles devaient à leurs
concessions successives ; les nobles, qui avaient survécu à tant de catastrophes,
ne se montrèrent pas indignes de leurs aïeux. Ils entourèrent de leur dévouement, tant de fois éprouvé, la royauté qui s'était découverte elle-même,
en enlevant à la noblesse sa prépondérance politique, et qui s'aperçut alors,
mais trop tard, de tout ce qu'elle avait perdu en favorisant l'élévation im-
modérée des classes populaires au détriment de ses défenseurs naturels.
Ceux-ci couvrirent héroïquement de leur sang l'échafaud que venait d'ar-
roser celui du roi martyr.

L'instinct organisateur du plus puissant génie des temps modernes avait
compris que sous toutes les formes gouvernementales et dans tous les temps,
avec l'égalité démocratique aussi bien que sous l'empire des priviléges aris-
tocratiques, sous la monarchie héréditaire aussi bien que sous le despotisme
du sabre, un État n'a de chance de durée qu'autant qu'il offre aux hommes
de cœur et de talent cette noble et généreuse émulation qu'entretiennent les
titres et les dignités destinées à en conserver le souvenir. Il savait tout ce
qu'il y a de fécond dans les institutions qui préparent les vertus de l'avenir,
en les fondant sur le respect prodigué aux vertus du passé (1). L'empire
eut sa noblesse. On ne pouvait plus dignement reconnaître la légitimité de
la noblesse ancienne qu'en payant les services des preux illustrés aux
champs d'Iéna, d'Austerlitz et de Marengo, de la même *monnaie d'honneur*
qu'avaient obtenue à une autre époque bien différente les vainqueurs de
Bouvines, de *Taillebourg*, de *Cocherel* et de *Rocroi*.

En résumé, l'influence politique et sociale de la noblesse française a eu
quatre phases distinctes.

Conquérante et militaire sous les deux premières races, apportant l'égalité germanique dans la société gallo-romaine, elle versa un sang indépendant et généreux dans les veines d'un corps usé par cinq siècles de corrup-

---

et de la Provence, une source de richesses : en quelques années les Français avaient atteint la science
des vieux maîtres de la mer.

(1) « En marchant au combat, disait à ses soldats le chef d'une tribu barbare, songez à vos
ancêtres et à vos descendants : *Ituri in aciem, majores et posteros cogitate.* » (Tacite, *Agricola.*)

tion ; et elle réchauffa au contact de ses rudes instincts de liberté des cœurs efféminés pliés à toutes sortes de despotisme.

La féodalité l'investit de la triple puissance dont se compose le faisceau de la souveraineté ; et pendant trois siècles elle porta à la fois l'épée, le sceptre et la main de justice. Les sublimes inspirations de la chevalerie, les exploits merveilleux d'outre-mer, répandirent dans la société tout entière, pendant cette époque héroïque, les germes d'où sortit cette classe moyenne, née de concessions, dont les rois eurent l'imprudence de se servir comme d'un instrument pour battre en brèche le pouvoir nobiliaire qui lui faisait ombrage, et qui cependant aurait dû être regardé par elle comme son plus ferme appui.

Alors commença pour la noblesse une lutte sanglante, et contre les empiétements des parlements (1), des légistes de Philippe le Bel, et contre les soulèvements des petites républiques communales, et contre la politique inconsidérée des Valois. Ses combats et ses efforts énergiques ne devaient cesser qu'au moment où toutes les libertés nobiliaires, bourgeoises, municipales et parlementaires viendraient s'annihiler dans la monarchie absolue.

La quatrième phase de son existence a été signalée par son dévouement sans bornes à cette même monarchie qui, après s'être servie du tiers état pour ruiner la prépondérance de la noblesse, avait profité de la destruction de celle-ci pour essayer de dominer le tiers état, puissance devenue tellement prépondérante en présence d'une noblesse décimée, qu'elle devait désormais rendre impossible le maintien de toute véritable monarchie.

Pendant ces différentes époques, et surtout après les grandes guerres nationales et les expéditions des croisades, les rangs de la noblesse s'étaient plus d'une fois éclaircis, et la sollicitude des rois s'était fait un devoir de réparer ses pertes et de combler ses vides. A côté de la noblesse d'extraction, s'était donc élevée, vers le treizième siècle, une noblesse nouvelle destinée à régénérer l'ancienne. La nécessité dans laquelle s'étaient trouvés un grand nombre de gentilshommes de vendre leurs terres à des roturiers enrichis par

---

(1) Le parlement, *parliamentum*, anciennement le conseil du roi, succéda, vers l'an 1000, aux plaids ou *placita* de Grégoire de Tours et de Frédegaire, et au *maltum imperatoris* des capitulaires. (Mal ou assemblée, origine du mot *mail*, lieu planté d'arbres.)

le commerce et les arts, avait rendu ceux-ci possesseurs de *fiefs*, et les institutions de saint Louis, en les confirmant dans cette possession, avaient créé la *noblesse* par *fiefs* ou *noblesse inféodée :* telle fut l'origine du droit de *franc-fief* aboli dans le seizième siècle.

Les diverses classes de nobles, ou plutôt d'*anoblis*, sont énumérées dans les traités spéciaux sur la noblesse auxquels nous renvoyons nos lecteurs : on y trouvera les détails nécessaires pour distinguer l'*anoblissement par lettres*, dont Raoul l'Orfévre fut le premier exemple en 1270; la noblesse *archère*, celle que possédèrent les descendants des francs archers ou francs taupins, institués par Charles VII; la noblesse des *secrétaires du roi* déclarés par Charles VIII nobles et capables de recevoir tous les ordres de chevalerie à la quatrième génération; l'anoblissement par charges ou *noblesse civile*, la *noblesse militaire*, la *noblesse comitive*, etc.

Ces différentes espèces de noblesse ont eu des priviléges propres à chacune d'elles : pour les connaître et les distinguer il a fallu des *preuves :* pour réprimer les usurpations il a fallu des *recherches*. La noblesse se prouve en Allemagne par de simples *quartiers*, qui sont de 16, 32 et 64 (1), suivant les statuts de chaque chapitre; en Angleterre, en Écosse et en Irlande, par des *tables généalogiques ;* en Espagne, en Italie et en France, par des *titres de famille*, preuves qui sont les plus authentiques et les plus sûres. Ces preuves relatives à l'antiquité de la noblesse furent plus ou moins rigoureuses, selon le but pour lequel il était nécessaire de les produire, pour l'admission dans les ordres, dans les chapitres nobles, dans certaines charges, aux écoles militaires, aux honneurs de la cour (2), etc.

(1) L'on appelle *quartiers* les auteurs nobles dont descend celui qui fait preuve. La progression qui se fait dans la production des quartiers, par rapport aux degrés, est celle que l'on nomme géométrique. Ainsi un degré produit deux quartiers; deux degrés, quatre quartiers, etc. En effet, le présenté produit son père et sa mère; puis le père et la mère de sa mère. Il passe ensuite à ses bisaïeuls paternels et maternels pour lesquels il procède de même. L'on arrive ainsi à des chiffres qui paraissent vraiment incroyables au premier abord. On a calculé, par exemple, que Louis XVIII, étant issu au vingt-neuvième degré de Robert le Fort, son vingt-sixième aïeul, devait produire 268,435,456 quartiers.

(2) On appelait ainsi, avant la révolution, l'honneur d'être admis aux cercles de la cour, aux bals de la reine, à la chasse du roi, de monter dans ses carrosses, etc.

Il fallait, pour obtenir *les honneurs de la cour*, faire preuve d'une noblesse pure et chevaleresque.

Parmi les différentes recherches faites par ordre de nos rois, soit dans certaines provinces en particulier (1), soit dans la totalité du royaume, dans le but de constater l'état des francs-fiefs, la quotité des tailles, ou les titres nobiliaires, durant les quatorzième, quinzième, seizième et dix-septième siècles, la plus fameuse par la rigueur des procédures, par la durée des poursuites et la quantité des amendes versées dans le trésor public, fut celle qui avait été commencée, en 1666, par les soins du grand Colbert, et qui, suspendue en 1674, à cause des guerres, fut reprise en 1696, mais avec moins de sévérité, et ne cessa entièrement qu'en 1727.

Les documents fournis au moyen de cette recherche seraient d'un grand secours pour constater le nombre des familles nobles réparties à la fin du dix-septième siècle dans toutes les généralités du royaume (2); mais l'insuffisance et l'imperfection des registres et le défaut de table et de catalogue qui, dès le temps du savant Chérin, rendait une pareille supputation impossible, ne permettent guère aujourd'hui d'en donner une statistique même approximative.

« Combien nous reste-t-il en France, disait Chérin, dans un ouvrage im-
« primé en 1788 (3), de familles issues des anciens possesseurs de sei-
« gneuries sous la première et la seconde race de nos rois? Je ne résoudrai
« point ce problème; je craindrais d'anéantir un trop grand nombre de
« prétentions et peut-être d'être injuste malgré moi. Combien en existe-t-il
« qui puissent faire remonter leur origine au delà de l'époque des premiers

c'est-à-dire sans trace d'anoblissement, remontant à 1400 inclusivement par titres originaux et successifs.

(1) Une des plus anciennes recherches est celle de Montfaouq, dans la province de Normandie, en 1463.

(2) Dans la recherche de 1666, il a été trouvé environ 2,084 familles nobles dans la province de Bretagne, 1,059 dans celle du Dauphiné, 1,322 dans la généralité de Caen ; environ 1,686 dans la généralité d'Alençon, 514 dans celle de Champagne, 1,627 dans la province de Languedoc (ou en compta cependant, en 1720, 4,486); 706 dans la généralité de Limoges, 693 dans la généralité de Touraine. d'Anjou et du Maine. Les détails les plus intéressants et les plus curieux sur l'état de la noblesse au dix-septième siècle sont consignés dans l'ouvrage du comte de Boulainvilliers, intitulé : *État de la France* (3 vol. in-fol.), extrait des mémoires dressés pour le duc de Bourgogne d'après l'ordre de Louis XIV, par les intendants du royaume.

(3) Abrégé chronologique d'édits, déclarations, règlements, arrêts et lettres patentes des rois de France de la troisième race, concernant le fait de la noblesse. (*Discours préliminaire*, p. 54.)

« anoblissements? un très-petit nombre. Combien y a-t-il de nobles en
« France? je l'ignore. »

Ce que Chérin ne pouvait faire pour la noblesse de son temps, serait-il
possible de l'effectuer pour la noblesse contemporaine? nous le croyons :
les renseignements que possède le Collége héraldique de France, ceux qu'il
doit aux communications empressées qu'il reçoit des diverses provinces de
la France, le mettront sans doute en état de réunir sur cet intéressant sujet
les éléments d'une statistique aussi complète que possible. Ce sera l'objet
d'une publication spéciale pour laquelle l'appui et la coopération des représentants actuels des anciennes familles nous sera d'un grand secours.
On en peut juger par la note suivante sur un problème digne d'attirer
sérieusement l'attention des généalogistes, et que nous devons à l'obligeance
d'un des hommes les plus distingués dont s'honore le corps diplomatique.
Nous sommes heureux de pouvoir en enrichir cette introduction (1).

(1) L'extinction graduelle des familles nobles et la disparition successive des noms les plus célèbres dans l'histoire, sont des faits qui frappent l'observateur attentif. Mais il est plus difficile d'en assigner les véritables causes et d'en établir la proportion exacte. Les documents sur lesquels on pourrait fonder ces calculs manquent presque entièrement, et il n'existe nulle part des recensements officiels de la noblesse d'un pays, à une époque donnée. L'Angleterre seule fournit quelques renseignements de ce genre : on sait que la pairie y est héréditaire, ainsi que le titre de baronnet, et qu'il n'y a point de prescription qui empêche celui qui peut prouver sa descendance d'un personnage ayant possédé ces dignités, d'en hériter à son tour. On a des exemples de pairies qui ont été *dormantes* (suivant l'expression anglaise *) pendant des siècles, et qu'une décision de la chambre des lords a fait revivre en faveur d'une branche collatérale depuis longtemps oubliée. Plusieurs recueils sont, depuis bien des années, consacrés à enregistrer les pairies éteintes, et leur nombre surpasse de beaucoup celles qui existent de nos jours ; mais il faut en déduire les titres possédés par une même famille, si l'on veut se former une idée exacte de ces extinctions. Voici les résultats qu'a donnés un travail de cette espèce dont les éléments ont été puisés dans l'ouvrage intitulé : *Burke's extinct peerage*, 1840.

395 familles de pairs s'étaient successivement éteintes depuis l'année 1300, époque où commencent les convocations régulières dites *by writ of summons*, jusqu'en 1840 ; sur ce nombre, 16 familles seulement avaient possédé la pairie pendant dix générations, et la durée ne dépassait pas trois générations et demie, en calculant chaque génération à 33 ans.

Sur les 224 familles existantes en 1840, et possédant une ou plusieurs pairies anglaises, 6 seulement datent de l'an 1300, 2 du quatorzième siècle, 6 du quinzième, 13 du seizième, 40 du dix-septième, et 91 du dix-huitième siècle ; le reste a été élevé à la pairie depuis 1801. La moyenne des générations que représentent ces 224 familles n'est que de trois générations et un tiers en 110 ans.

* Cette expression est aussi employée par nos écrivains pour marquer le caractère indélébile que confère à noblesse. « *Dormit* « *nobilitas*, dit d'Argentré, *sed non extinguitur*. »

Aujourd'hui la noblesse, que les esprits superficiels croient anéantie parce que les signes extérieurs de la puissance ont changé, n'en a pas moins,

D'après un relevé approximatif, il existait en 1300. . . . . 100 pairies.
Il en avait été créé, de 1301 à 1400 97
        de 1401 à 1500 27
        de 1501 à 1600 47
        de 1601 à 1700 144
        de 1701 à 1800 135
        de 1801 à 1840 69
                                 Total. 619

On n'a fait mention dans les calculs qui précèdent que des *familles élevées à la pairie* et non *des pairies*, conférées quelquefois au même individu ou qui ont été réunies dans une même famille. Ainsi la famille Wellesley, qui compte aujourd'hui trois de ses membres pairs, savoir : le duc de Wellington, le comte de Mornington, et lord Cowley, n'y représente qu'une seule famille de pairie. Cette distinction est très-essentielle, et l'erreur dans laquelle tombent souvent ceux qui s'occupent de ces recherches, est de confondre les *familles-tiges* avec ce qu'on appelle communément en statistique les *familles*, c'est-à-dire une réunion en moyenne de cinq individus. Un relevé très-exact fait sur l'Almanach de Gotha de 1842, prouve que les 50 maisons régnantes aujourd'hui, et qui comprennent 695 individus des deux sexes, se rapportent à 22 familles-tiges; ainsi toutes les branches de la maison de Bourbon ne comptaient pas, en 1842, moins de 52 princes et 24 princesses et ne forment cependant qu'une même famille.

Il faut donc distinguer l'extinction des familles de celle des branches, et comme les familles puissantes sont presque toujours les plus nombreuses, parce que la plupart des membres de ces familles se marient et créent des branches nouvelles, leur extinction sera ainsi beaucoup moins rapide.

C'est ce dont on trouve une preuve dans l'extinction bien plus prompte des familles des baronnets anglais, comparée avec celle des familles de pairs du même pays. Sur 1,584 familles revêtues du titre de baronnet depuis 1611, époque de la création de cet ordre, jusqu'en 1831, par conséquent en 220 ans, il n'en existait plus en 1831 que 658, plus 77 appelées postérieurement à la pairie : total 735, et 849 s'étaient éteintes. (Voir *Debrett Baronettage*, 1831.)

Mais, pour avoir une idée plus exacte des extinctions des familles, il faut prendre une époque fixe et un nombre de familles connues. Le *Catalogue de la Pairie anglaise*, par Robert Dale (à la Bibliothèque royale), donne, pour l'année 1797, un nombre total de 177 pairs. En en déduisant les pairies possédées par des femmes, des frères ou des branches collatérales, on trouve 140 familles-tiges pourvues de cette dignité; sur ce nombre, 71 sont aujourd'hui éteintes et 69 seulement subsistent en 1844 : la moitié s'est donc éteinte en 146 ans! Or, pour justifier ce qui a été dit plus haut, on voit, dans le livre intitulé : *Anglia notitia*; *London*, 1684, qu'il y avait à cette époque 730 familles de baronnets dont ce recueil donne les noms; on n'en retrouve plus en 1830, dans le *Baronettage de Debrett*, que 204, en y comprenant même celles de ces familles qui ont été élevées à la pairie. L'intervalle écoulé étant également de 146 ans, il en résulte que pendant que les pairs diminuaient de moitié, c'était dans la proportion de 70 à 100 que les baronnets s'éteignaient. Il est probable que dans les rangs moins élevés de la noblesse, l'extinction a lieu encore plus promptement.

Ces recherches, quoique faites avec beaucoup de soin, auraient besoin d'être corroborées par des comparaisons analogues faites sur d'autres documents; celles qui précèdent suffisent cependant pour établir, au moins approximativement, que l'extinction des familles nobles est d'à peu près *une moitié* par siècle. Une recherche postérieure prouve, en effet, que les 730 baronnets mentionnés dans l'*Anglia*

comme autrefois, comme toujours, sa mission et son rôle à la tête de la
grande propriété foncière ; dépositaire des traditions antiques, lien immortel
destiné à rattacher les générations passées à la génération présente, elle
seule, au milieu de cette fièvre ardente qui porte tous les esprits vers les
essais aventureux et les révolutions nouvelles, elle seule possède le secret
des pensées conservatrices et des principes de stabilité qui doivent entrer
comme éléments essentiels dans les institutions politiques, morales, sociales
et religieuses que la France moderne cherche à se donner. Après tant de
déceptions, le temps des hypothèses et des chimères semble être enfin arrivé
à son terme. Personne ne songe plus à faire table rase du passé : et il n'est
pas un seul homme de quelque valeur et de quelque portée intellectuelle
qui ne sente profondément la nécessité de satisfaire aux exigences des faits
accomplis et aux besoins de notre époque, en conservant les traditions d'héroïsme et de gloire que la France ancienne a léguées à la France moderne
On comprend que la science du passé peut seule dissiper les incertitudes
du présent. De là cet instinct de curiosité, de là ce goût universellement
répandu pour l'étude des monuments historiques propres à nous fournir
quelques lumières sur l'état intellectuel, moral et politique de l'ancienne
société française. Et s'il est vrai, comme le dit très-bien M. de Chateaubriand, que la noblesse, la royauté et le peuple, ayant abusé tous trois de
leur puissance, aient enfin consenti à vivre en paix dans un gouvernement
composé de leurs trois éléments, chacun de ces éléments ne peut comprendre
sa propre valeur et son importance relative, qu'en cherchant à réunir tous
les documents propres à jeter quelque lumière sur ses origines, sa constitution intime et son histoire passée.

Notre vœu le plus cher serait de pouvoir contribuer à réveiller dans le
cœur de la noblesse française le sentiment de son importance et de sa valeur
réelle, de la convaincre en outre de l'influence qu'elle peut encore exercer sur
les masses. Quelle classe, en effet, dans notre ordre social, a mieux conservé
qu'elle les vrais principes religieux, les vertus de la famille, l'urbanité dans
les formes et le langage? qui, plus qu'elle, a su entretenir le feu sacré de
l'héroïsme et de l'honneur?

notitia, sont réduits aujourd'hui (1844) à 185, c'est-à-dire (à une fraction près) au quart du nombre
primitif, et cela en 160 ans !

Nous venons d'esquisser l'histoire de la noblesse française aux différentes époques de notre histoire. Nous allons l'examiner dans son essence chez les diverses nations de l'Europe.

Guillaume le Conquérant, ne voulant laisser à ses Normands d'autre alternative que celle de vaincre ou de mourir, fut à peine débarqué sur le sol de l'Angleterre, qu'il fit mettre le feu à ses vaisseaux. En descendant sur le rivage, il avait fait un faux pas; mais, nouveau César, interprétant à son avantage un accident que la superstition pouvait faire regarder comme un augure défavorable, il s'écria : *Je prends possession de l'Angleterre*. Un soldat court aussitôt à une cabane prochaine, en arrache une poignée de chaume et la lui présente en lui disant : *Sire, je vous* ENSAISINE *du royaume d'Angleterre et vous proteste que dans un mois votre chef sera chargé de la couronne.* La bataille d'Hastings, qui eut lieu le 14 octobre 1066, réalisa cette prophétie.

Cette même année 1066 a été signalée par presque tous les historiens comme celle où furent institués les premiers *tournois* par Godefroy de Preuilly, gentilhomme tourangeau. Mais le sujet que nous avons placé à dessein en tête de notre introduction tend à prouver que les tournois ont une origine beaucoup plus ancienne. On trouve, en effet, dans l'historien Nithard (liv. III, chap. 5, pag. 26) un récit détaillé des divertissements qui eurent lieu à l'occasion du serment de Charles le Chauve et de Louis le Germanique en 842. Les jeux et exercices militaires que décrit cet historien, qui mourut vers l'an 859, sont de véritables tournois. On remarquera que nous avons reproduit aussi, d'après Nithard, sur le poteau placé à la droite du sujet, la formule du serment, *pro Deo amur*, etc., qui est le premier monument de la langue française.

GUILLAUME LE CONQUÉRANT BRULE SES VAISSEAUX EN 1066.

de Mabuazet.

de Baynast.

Trévisan.

d'Oro.

Maffei.

de Chanteau.

de Conades.

Crose.

Boucher de Richebourg.

de Penguern.

Dambray.

Leshenaut de Bouillé.

d'Alluin.

de Fleury.

du Raquet.

de Chaquiset.

Servaude.

de Monteynard et Dreux Brézé.

de Rohan.

RÉCEPTION ET SACRE DU ROI D'ARMES DE FRANCE (1382) [*].

LA

VRAIE ET PARFAITE SCIENCE

DES ARMOIRIES.

ABAISSÉ.

 BAISSÉ (Pl. 1). Se dit de toutes les pièces placées plus bas que leur situation ordinaire; le chef, le pal, la bande, le chevron, la fasce, etc., peuvent être abaissés.

Lorsqu'il y a deux chefs, le second est abaissé sous le premier.

[*] Le sujet placé en tête du présent chapitre représente la réception et le sacre d'un roi d'armes;

Les chevaliers des ordres de Malte, du Temple, etc., abaissent le chef propre de leurs armoiries sous celui de leur religion (ordre).

Dans un sens particulier, abaissé se dit du vol de l'aigle ou d'autres oiseaux, lorsque les ailes descendent vers la pointe de l'écu (Pl. 1).

DE BALSAC,   EN AUVERGNE. — Louis de BALSAC, chevalier de Saint-Jean de Jérusalem en 1558, portait : d'azur à trois sautoirs d'argent, au chef d'or chargé de trois sautoirs d'azur, abaissé sous le chef de la religion.

DE BAYNAST,   EN PICARDIE. PL. 1. — D'or, au chevron de gueules abaissé sous trois fasces du même.

DE BRÉMOND D'ARS,   POITOU. — D'azur, à l'aigle d'or à deux têtes, au vol abaissé.

DE LA CELLE,   DANS LA MARCHE, EN POITOU, EN SAINTONGE ET EN PÉRIGORD. — D'argent, à l'aigle de sable au vol abaissé, becquée et membrée d'or.

DE CHANTEAU,   EN ALSACE ET A LYON. PL. 1. — De gueules, à trois pals d'argent et un chef abaissé d'or sous un chef d'azur, chargé d'une rose d'argent, accostée de deux étoiles d'or.

CHARLET,   POITOU ET BRETAGNE. — D'or, à l'aigle de sable au vol abaissé.

DE CONTADES,   EN LANGUEDOC ET DANS L'ANJOU. PL. 1. — D'or, à l'aigle d'azur au vol abaissé, becquée, languée et armée de gueules.

CROSE DE LINCEL,   EN PROVENCE. PL. 1. — D'azur, à trois pals d'or abaissés sous une trangle de même, surmontés de trois étoiles, aussi d'or, rangées en chef.

à l'article *Hérault* et *Roi d'armes*, nous ferons connaître avec plus d'étendue les fonctions et les priviléges qu'avaient ces dignitaires, qui jouissaient de la plus grande considération, avaient entrée dans toutes les cours des princes étrangers, y annonçaient la paix ou la guerre, publiaient les joutes et tournois, vérifiaient les armoiries de ceux qui devaient y prendre part, et formaient un collége dont le chef était appelé *Roi d'armes*. Le premier dont on ait connaissance est Louis de Roussy, nommé par Louis le Gros. La cérémonie dans laquelle était sacré le *Roi d'armes de France* sous le nom de MONT-JOIE SAINT-DENIS se faisait dans une église avec la plus grande pompe en présence des maréchaux, du connétable, des chevaliers, des capitaines de guerre ; il était revêtu des ornements royaux, portait sur la poitrine les armes de France. Le roi en personne lui remettait l'écu, lui ceignait l'épée et lui plaçait la couronne sur la tête.

LE FESSIER DU FAY,   EN NORMANDIE. — De gueules, à une aigle d'or, au vo abaissé, tenant de sa patte droite une épée d'argent.

DE FOURCY DE CHESSY,   ILE DE FRANCE. — D'azur, à l'aigle d'or au vol abaissé; et un chef d'argent, chargé de trois tourteaux de gueules.

GALLOIS,   EN PICARDIE. — De gueules, à un chevron d'or, abaissé, surmonté d'un croissant d'argent et un chef cousu d'azur chargé de trois étoiles d'argent.

GOTHO ou GOTTO,   SICILE ET PROVENCE. — De gueules, à trois bandes d'or abaissées.

GRENIER,   EN GUIENNE. — D'azur, à une aigle d'or à deux têtes au vol abaissé, surmontée d'une étoile du même et accompagnée de deux étoiles aussi d'or, posées chacune entre le vol et la tête.

DE LA LAURENCIE,   ANGOUMOIS, POITOU ET SAINTONGE. — D'azur, à une aigle d'argent à deux têtes, au vol abaissé, *pour la branche aînée*.

MAFFEI,   A ROME. PL. 1. — D'azur, à trois bandes d'or abaissées, celle du milieu soutenant un cerf naissant du même.

DE MALMAZET,   AU COMTAT-VENAISSIN. PL. 1. — D'azur, au chevron d'or abaissé sous une fasce du même, accompagnée en chef de trois croissants d'argent mal ordonnés.

D'ORO DE PONTOUX,   EN GUIENNE. PL. 1. - Écartelé aux 1 et 4 d'azur, au lion d'or; aux 2 et 3, de gueules, à trois pals d'or; sur le tout d'argent, à l'aigle de sable au vol abaissé, becquée et armée de gueules.

DE LA PERRIÈRE,   NIVERNAIS ET SAINTONGE. — D'argent, à la fasce de gueules abaissée sous trois têtes de léopards du même, lampassées et couronnées d'or.

TRÉVISAN,   A VENISE. PL. 1. — D'azur, à trois pals d'or abaissés.

VALLETEAU DE CHA-BREFY, DE VALMER,   EN TOURAINE. — D'argent, à l'aigle de sable, au vol abaissé; parti d'argent, à trois monts de sinople mal ordonnés, chacun de trois coupeaux; le premier mont sommé d'un coq au naturel.

VOISIN,   EN NORMANDIE. — D'azur, au vol d'argent abaissé, accompagné en chef de deux croissants d'or, et en pointe d'une croisette fleuronnée du même.

ABIME.

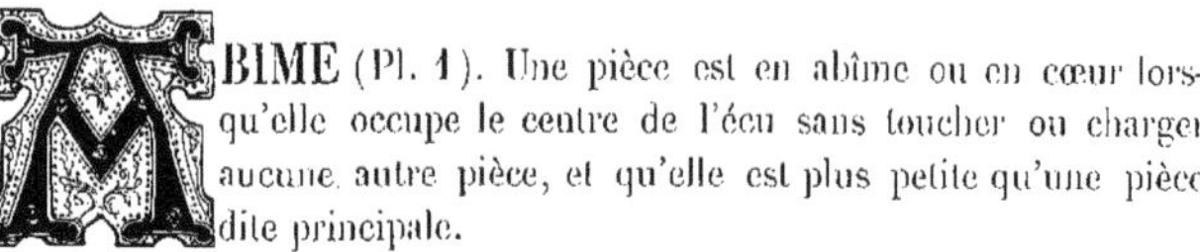

ABIME (Pl. 1). Une pièce est en abîme ou en cœur lorsqu'elle occupe le centre de l'écu sans toucher ou charger aucune autre pièce, et qu'elle est plus petite qu'une pièce dite principale.

Si la pièce placée au centre de l'écu est plus grande que les autres, elle est pièce principale, et se dit alors accompagnée.

D'ALLUIN ou DE HALEWYN.	PAYS-BAS. PL. 1. — D'argent, à trois lionceaux de sable, armés et lampassés de gueules, à la gourde du même, posée en abime.
D'ANGLOS,	PICARDIE. D'azur, à trois quintefeuilles d'or, 2 en chef et 1 en pointe, et un écusson d'argent en abime.
DES ARPENTIS.	D'or, à cinq coquilles de sable et un écu de gueules en abime.
BECQUET.	ORIG. D'ANGLETERRE. — D'argent, à trois corneilles de sable, becquées et membrées de gueules, et une croisette de sable au pied fiché en abime.
BEAUMONT.	EN CHAMPAGNE. — D'azur, à l'écusson d'argent, en abime, et une bande de gueules brochant sur le tout.
BOUCHER DE RICHEBOURG, D'AVANÇON, ETC.	CHAMPAGNE, PICARDIE ET LORRAINE. PL. 1. — D'azur, à trois étoiles d'or, et un croissant d'argent en abime.
DE BOIS YVON.	EN BRETAGNE. — D'argent, à trois croix patées de sable, posées 2 en chef et 1 en pointe, et une roue du même en abime.
CANU.	D'azur, à trois têtes de lions d'or et une étoile du même en abime.
DE CHAPUISET,	EN TOURAINE. PL. 1. — D'azur, à trois quintefeuilles d'argent et un écusson de sable en abime chargé d'une étoile d'or.

DE CHAVAILLE DE FOUGE-
RAS,
GUIENNE. — D'azur, à trois cœurs d'or et une étoile
d'argent en abîme.

DE LA CHESNAYE,
EN BRETAGNE. — D'argent, à trois roses de gueules,
2 et 1, et une feuille de chêne de sinople en abîme.

DU CHESNE,
EN PICARDIE. — D'azur, à trois glands d'or, et une étoile
d'argent mise en cœur.

DAMBRAY,
EN NORMANDIE. PL. 1. — D'azur, à trois tours d'argent,
et un lionceau d'or en abîme.

DE FLEURY,
LORRAINE, CHAMPAGNE ET PARIS. PL. 1. — D'azur, à trois
croix d'or fleuronnées aux pieds fichés, posées 2 et 1,
et une étoile du même, en abîme.

GAUTHIER,
EN BRETAGNE. — D'or, à trois molettes de sable, posées
2 et 1, et une chouette du même en abîme, becquée et
membrée de gueules.

DE GRANDVAL,
D'azur à trois coquilles d'argent et une tête de léopard
d'or en abîme.

HEMERY,
EN BRETAGNE. — D'or, à trois chouettes de sable, membrées et becquées de gueules, et un annelet du
second en abîme.

JOUANNE,
EN NORMANDIE. — D'azur, à trois croix alésées d'or, 2 en
chef et 1 en pointe, et un cœur d'argent en abîme.

DE JUMILLY,
EN NORMANDIE. — D'or, à trois trèfles de sinople et une
rose de gueules en abîme.

DE KERYVON,
EN BRETAGNE. — Échiqueté d'or et de gueules; une
étoile d'or en abîme.

LESHENAUT DE BOUILLÉ,
EN ANJOU. PL. 1. — D'or, à trois croix pattées de gueules,
posées 2 et 1, et une étoile d'azur en abîme.

LONLAY DE VILLEPAILLE,
EN NORMANDIE. — D'argent, à trois porcelets de sable et
une fleur de lis de gueules, en cœur.

DE MARCONNAY,
EN BOURGOGNE. — De gueules, à deux roses d'argent posées en chef, un croissant d'argent en pointe, et une
étoile d'or en abîme.

DE NOLLENT,
EN NORMANDIE. — D'argent, à trois roses de gueules
une fleur de lis du même en abîme.

DE PENGUERN,

EN BRETAGNE. PL. 1. — D'or, à trois pommes de pin de gueules, et une fleur de lis du même en abîme.

DU PERENNO,

EN BRETAGNE. — D'azur, à trois poires d'or, tigées et feuillées du même, posées 2 et 1, les queues en haut, et une fleur de lis d'argent en abîme.

DU RAQUET,

EN FRANCHE-COMTÉ. PL. 1. — D'azur, à trois serres d'aigles d'or, posées 2 et 1, et un croissant du même en abîme.

DE ROY,

EN POITOU. — D'azur, à trois étoiles d'or, et une fleur de lis du même en abîme,

THIBAULT,

EN POITOU. — De gueules, à deux molettes d'argent en chef, une croisette du même, en pointe, et une fleur de lis d'or en abîme.

DE LA VILLE JUHEL.

EN BRETAGNE. — D'argent, à trois tours de gueules, et un tourteau du même en abîme.

ABOUTÉ.

BOUTÉ (Pl. 1). Se dit de pièces allongées qui peuvent être posées bout à bout en forme de croix, d'étoile, de rosace, etc., telles que des otelles, des mouchetures d'hermines, des palmes, des fusées, des losanges, des fers de lances, des épées, etc.

HUREL,

A PARIS. — D'azur, au chevron d'or, accompagné en chef de deux ailes d'argent aboutées, et en pointe d'une hure de sanglier du même.

MOLITOR.

De gueules, à la colonne d'or accostée de deux épées d'argent garnies d'or, surmontées chacune de cinq branches de laurier de sinople, aboutées en forme d'étoile ; au franc-canton d'azur, chargé d'une épée d'argent garnie d'or.

PAYEN,   EN ORLÉANAIS. — D'or, à six fusées de gueules, aboutées
                                en roses.

DE ROHAN,   EN BRETAGNE. — Voir ACCOLÉ.

ACCOLÉ.

ACCOLÉ (Pl. 1). Ce mot, que d'anciens héraldistes emploient indistinctement, à tort selon nous, pour désigner soit des animaux à collier, que l'on doit appeler avec plus de raison colletés (voir *colleté*), soit des objets entourés ou entortillés, soit des pièces passées en sautoir derrière l'écu, soit enfin des pièces accolées ou se touchant, telles que des fusées, des macles, ou deux écus joints ensemble, ne doit être employé que pour ces deux derniers cas.

BLANCHET,   EN BRETAGNE. — D'argent, à trois fusées de gueules,
                                accolées en fasce; abaissées sous une jumelle de
                                sable.

BOUTHILLIER DE CHAVI-   BRETAGNE ET ÎLE DE FRANCE. — D'azur, à trois fusées d'or,
GNY,   accolées en fasce.

DE DREUX-BREZÉ,   EN POITOU. — *Voy.* MONTEYNARD.

LESGUILLY,   EN BRETAGNE. — D'argent, à quatre fusées de gueules
                                accolées en fasce, accompagnées en chef de quatre
                                roses du même.

DE MONTEYNARD,   EN DAUPHINÉ. PL. 1. — Le marquis Hector de MONTEYNARD,
                                né le 20 mars 1770, porte pour armes : « De vair, au
                                chef de gueules, chargé d'un lion issant d'or, acco-
                                lées de celles de sa femme Clémentine-Henriette de
                                DREUX-BREZÉ, qu'il a épousée le 17 août 1810, et dont
                                les armoiries sont : « D'azur, au chevron d'or accom-
                                pagné en chef de deux roses d'argent, et en pointe
                                d'une ombre de soleil d'or. »

DE ROHAN,   EN BRETAGNE. — De gueules à neuf macles d'or accolées
                                et aboutées, posées 3, 3 et 3.

LA BRANCHE DE ROHAN-CHABOT, DUC DE ROHAN, — Porte : écartelé au 1 de Navarre : au 2 d'Écosse, au 3 de Bretagne ; au 4 de Flandres : sur le tout contre-écartelé aux 1 et 4, de gueules, à 9 macles d'or, qui est de Rohan ; aux 2 et 3 d'or, à trois chabots de gueules, qui est de Chabot.

DE SERVAUDE DE LA VILLE-ÈS-CERFS, — EN BRETAGNE. PL. 1. — De sable, à quatre fusées d'or, accolées en fasce.

TIERCENT, — EN BRETAGNE. — D'or, à quatre fusées de sable accolées.

DU VAL, — EN BRETAGNE. — De gueules, à cinq fusées d'argent accolées en fasce.

ACCOMPAGNÉ

ACCOMPAGNÉ (Pl. 2). S'applique aux pièces principales accompagnées de pièces secondaires. Une fasce, une bande, une barre, un chevron, un sautoir, un lion ou tout autre animal ou objet, peuvent être accompagnés de deux ou plusieurs pièces accessoires, moins grandes.

Quant aux croix, on les dit cantonnées et non accompagnées.

D'AGUESSEAU. — ILE DE FRANCE. PL. 2. — D'azur, à deux fasces d'or, accompagnées de six coquilles d'argent, posées 3 en chef, 2 entre les fasces et 1 en pointe.

D'ALDEBERT. — EN LANGUEDOC. — D'azur, à l'aigle d'argent au vol éployé, accompagnée en pointe d'un croissant du même.

ANDRAS, — EN CHAMPAGNE. — D'argent, au chevron de gueules accompagné de trois tourteaux du même, posés 2 en chef, et en pointe.

D'ANGLOS. — EN PICARDIE. — D'azur, à un écusson d'argent posé en cœur, accompagné de trois quintefeuilles d'or, 2 en chef et 1 en pointe.

DES ARDENS, — EN CHAMPAGNE. — De gueules, au chevron d'or accompagné en chef de trois besants d'argent rangés en fasce, et d'une fleur de lis d'or en pointe.

Lith. P. H. Saunier, Pʳ Fridenberg, rue de la vieille monnaie, 17.

D'ARJUZON. D'azur, au chevron d'argent, accompagné de trois fers de dards du même, les pointes en haut.

D'AUBETERRE, EN CHAMPAGNE. — D'azur, à trois fasces d'or, accompagnées en chef de trois étoiles du même, et en pointe d'une rose, aussi d'or.

D'AUBIER. EN AUVERGNE. — D'or, au chevron de gueules, accompagné en chef de deux molettes d'azur, et en pointe d'un croissant du même.

AUMAISTRE DES FER-NEAUX, EN BOURBONNAIS. PL. 2. — D'azur, à la fasce d'argent accompagnée de trois étoiles d'argent en chef, et un croissant du même en pointe.

D'AUMONT, DUC DE VILLE-QUIER. D'argent, au chevron de gueules, accompagné de sept merlettes du même, 4 en chef, 2 et 2 ; et 3 en pointe, mal ordonnées.

D'AUTRI. EN CHAMPAGNE. PL. 2. — D'azur, à la fasce d'argent, accompagnée en chef de trois merlettes d'or, et en pointe d'une molette d'éperon du même.

DES BARRES, EN CHAMPAGNE. — D'azur, au chevron d'or, accompagné de trois coquilles du même.

DE BEAUGENDRE, EN NORMANDIE. — De gueules, à deux chevrons brisés d'argent, accompagnés de trois coquilles d'or.

DE BÉRARD DU ROURE, EN PROVENCE. — De gueules, à la bande d'argent, accompagnée d'une étoile en chef et d'une rose en pointe; le tout du même.

DE BEREY, EN CHAMPAGNE. — D'azur, au chevron brisé d'argent, accompagné de trois molettes d'éperon du même.

BERNARD D'AVERNES. D'argent, au chevron de sable, accompagné de trois trèfles de sinople.

BERNARD DE MONTESSUS, EN BOURGOGNE. — D'azur, au chevron d'or, accompagné de trois étoiles d'argent.

DE BEURDELOT,   EN NIVERNAIS. — D'azur, à la bande d'or, chargée de trois fers de dards de gueules, et accompagnée de deux besants d'argent; un en chef et l'autre en pointe.

LE BIENVENU DU BUSC,   EN NORMANDIE. PL. 2. — D'azur, au sautoir engrêlé d'argent, accompagné de quatre fers à cheval du même.

BODIN,   DANS L'ORLÉANAIS. — D'azur, au chevron d'or, accompagné de trois roses du même, 2 en chef et 1 en pointe; et un chef d'argent chargé de trois merlettes d'azur.

DE BONVOUST D'AUNAY,   EN NORMANDIE. — D'argent, à deux fasces d'azur, accompagnées de six merlettes de sable posées 3, 2 et 1.

DE LA BOULLAYE,   EN NORMANDIE. — D'argent, à la bande de gueules, accompagnée en chef d'une merlette de sable et en pointe de trois croix du même, posées en orle.

BRANDIN DE SAINT-LAU-RENS,   EN NORMANDIE. — D'azur, à une flamme d'argent, accompagnée de trois étoiles du même, 2 en chef et 1 en pointe.

DE BRETAGNE,   EN BOURGOGNE. — D'azur, à la fasce d'or ondée, accompagnée en chef de trois grillets ou grelots du même, et en pointe d'un croissant d'argent.

BRIANT,   EN BRETAGNE. PL. 2. — D'argent, au sautoir d'azur, accompagné de quatre roses de gueules.

BROSSIER,   AU PERCHE. — D'azur, au chevron d'or, accompagné en chef de deux étoiles du même et en pointe d'un croissant d'argent.

DE CAIRON,   DANS LE QUERCY. — D'azur, au chevron d'argent, accompagné de trois billettes du même.

CARTIER OU LE CARTIER,   EN NORMANDIE. — De gueules, à la fasce d'or, accompagnée de trois têtes de léopards du même.

DE CHABROL DE CROUSOL,   EN AUVERGNE. — Écartelé aux 1 et 4 d'azur, au chevron d'or, accompagné de trois molettes du même; aux 2 et 3 d'azur, au pal d'or, chargé d'un lion de gueules et accosté de six besants du même.

DE CHALLET,   ORLÉANAIS. — D'azur, à trois chevrons d'argent, accompagnés de trois étoiles d'or, posées 2 en chef et 1 en pointe.

DE CHAMPEAUX.   CHAMPAGNE ET BOURGOGNE. — D'or, à la bande de sable, chargée de trois besants du champ, et accompagnée de deux croix pattées de gueules.

DES CHAMPS,   EN BOURBONNAIS. — D'azur, au chevron d'or, accompagné de trois roses du même.

DE LA CHAPELLE DU BOU-   BERRY ET LIMOUSIN. — D'azur, à la fasce d'argent, accompagnée de trois étoiles d'or; 2 en chef et 1 en
CHEROUX,   pointe.

CHAPTAL DE CHANTE-   De gueules, à la tour d'or, maçonnée, ouverte et ajourée de sable; accompagnée de quatre étoiles d'argent, une
LOUP.   à chaque canton.

DE CHARRETTE DE LA CON-   D'argent, au lion de sable, lampassé et armé de gueules, accompagné de trois aiglettes de sable, becquées
TERIE.   et membrées de gueules, 2 en chef et 1 en pointe.

DE CHASSY.   NIVERNAIS, BERRY ET CHAMPAGNE. — D'azur, à la fasce d'or, accompagnée de trois étoiles du même, 2 en chef et 1 en pointe.

CLOUET.   D'argent, au sautoir de gueules, accompagné de quatre fers de piques du même.

DE COMPAGNOLT.   EN CHAMPAGNE. — De gueules, au chevron d'argent, accompagné en chef de deux étoiles du même, et en pointe d'une tour aussi d'argent.

LE CORVAISIER.   EN BRETAGNE. — D'azur, au sautoir d'or, accompagné de quatre étoiles du même; au chef d'argent chargé de trois mouchetures d'hermines.

DE COURTARVEL DE PEZÉ,   MAINE, ANJOU ET ORLÉANAIS. — D'azur, au sautoir d'or, accompagné de seize losanges du même, 4 en croix et 12 en orle.

DE COUTANCE.   NORMANDIE ET BRETAGNE. — D'azur, à deux fasces d'argent, accompagnées de trois besants d'or posés en pal.

DE LA CROPTE,   EN PÉRIGORD. PL. 2. — D'azur, à la bande d'or, accompagnée de deux fleurs de lis du même, une en chef et l'autre en pointe.

DODART,   EN BERRY. — D'azur, au sautoir d'argent, accompagné de quatre besants d'or.

DYEL,   EN NORMANDIE. — D'argent, au chevron de sable, accompagné de trois trèfles d'azur, 2 en chef et 1 en pointe. (D'autres branches de cette famille ont modifié ces armoiries.)

D'ESPINCHAL.   EN AUVERGNE. PL. 2. — D'azur, au griffon d'or, accompagné de trois épis de blé du même, posés en pal : 2 en chef et 1 en pointe.

FABRE (DE L'AUDE).   PL. 2. — De gueules, à la bande d'or, accompagnée de deux besants du même.

FAUCOMPRÉ DE GODET.   EN FLANDRE. — D'or, au chevron de gueules, accompagné à dextre d'une coquille du même, à sénestre d'une couronne de laurier de sinople, et en pointe de deux saumons de sable, surmontés chacun d'un croissant du même.

DE FERRY DE BELLEMARE,   EN PROVENCE. PL. 2. — De gueules, à la coquille d'or, accompagnée de trois annelets du même; 2 en chef et 1 en pointe.

DE FONTAINES,   EN NORMANDIE. — D'argent, au chevron de sable, accompagné de trois mouchetures d'hermines, posées 2 en chef et 1 en pointe.

DU FOUR DE PRADE.   EN AUVERGNE. — D'argent, au chevron de sable, accompagné en chef de deux étoiles de gueules, et en pointe d'un croissant du même.

FRÉMIN DE LESSARD.   EN NORMANDIE. — D'azur, au chevron d'or, accompagné en chef de deux étoiles d'argent, et en pointe d'un lion d'or.

FRIGOULT DE LIESVILLE.   EN NORMANDIE. PL. 2. — De gueules, au chevron d'or, accompagné en chef de deux coquilles du même, et en pointe d'un croissant d'argent.

DE GALBERT, — EN DAUPHINÉ. — D'azur, au chevron d'or, accompagné en chef de deux croissants du même.

GALICHON. — EN ANJOU. — D'azur, à une fasce d'or, accompagnée de trois merlettes d'argent; 2 en chef et 1 en pointe.

DE GALLIFFET. — EN DAUPHINÉ, TOURAINE, POITOU, PROVENCE, CHAMPAGNE, PARIS, ETC. — De gueules, au chevron d'argent, accompagné de trois trèfles d'or.

DE GARNIER. — EN PROVENCE ET DAUPHINÉ. — D'azur, au chevron d'or, accompagné de trois molettes ou étoiles d'argent, 2 en chef et 1 en pointe; au chef de sinople chargé de deux bandes d'argent, accostées de neuf besants du même, posés 3, 3 et 3.

DE GAULLIER DE LA SELLE ET DE LA GRANDIÈRE. — EN TOURAINE. — D'azur, au chevron d'or, accompagné de trois croissants du même.

DE GAUTIER, BARON DE SENÉS. — D'azur, au chevron d'or, accompagné en chef de deux étoiles du même, et en pointe d'une colombe d'argent.

GIGAULT DE BELLEFONDS, — EN BERRY. — D'azur, au chevron d'or, accompagné de trois losanges d'argent; 2 en chef et 1 en pointe.

GINORI DE RIPARBELLO. — EN TOSCANE. — D'azur, à la bande d'or chargée de trois étoiles du champ, et accompagnée en chef d'une fleur de lis d'or.

GODART DE BELBEUF. — EN NORMANDIE. PL. 2 — D'azur, au chevron d'argent, accompagné en chef de deux molettes d'éperon d'or, et en pointe d'une rose aussi d'or, tigée et feuillée du même.

DE GOUJON DE THUISY. — EN CHAMPAGNE. — Écartelé, aux 1 et 4 d'azur, au chevron d'or, accompagné de trois losanges du même, qui est de GOUJON; aux 2 et 3 de gueules, au sautoir engrêlé d'or, accompagné de quatre fleurs de lis d'argent, qui est de THUISY.

LE GRAS, — Orig. de PICARDIE. — D'argent, au chevron d'azur, accompagné en chef de deux étoiles du même, et en pointe d'une tête de More de sable, tortillée d'argent.

LE GRIX DE BELLEUVRE ET DE NEUVILLE,
EN NORMANDIE. — D'azur, au chevron d'or, accompagné de trois serres d'aigle d'argent, onglées d'or, 2 en chef et 1 en pointe.

HARPAILLÉ DU PERRAY.
D'azur, au chevron d'or, accompagné en chef de deux croissants d'argent, et en pointe d'une étoile du même.

DU HOUX DE VIOMÉNIL.
EN LORRAINE. — D'azur, à trois bandes d'argent, accompagnées de quatre billettes d'or couchées, et posées en barre.

HUE DE CALIGNY,
EN NORMANDIE. PL. 2. — D'azur, à l'aigle au vol éployé d'argent, becquée et onglée d'or, accompagnée en chef de deux étoiles d'argent.

IMBERT DU MOLARD.
EN VIVARAIS. — D'argent, à la barre de gueules, accompagnée en chef d'un croissant, et en pointe de trois étoiles du même.

DE JARNAGE.
BERRY ET BRETAGNE. — De gueules, à deux chevrons d'or, accompagnés en chef de deux croissants du même et en pointe d'un scorpion d'or.

JOBERT,
A PARIS. — D'azur, au chevron d'or, accompagné en chef de deux étoiles, et en pointe d'un croissant; le tout du même.

JOURDAIN,
EN BRETAGNE. — D'azur, au cor d'argent, accompagné de trois molettes du même.

LAMBRON DE LIGNIM,
Orig. de SAINT-GERMAIN-LAMBRON, en Auvergne, dont le nom primitif était CHASLUS, seigneur de la Crouzillière, du Puy de Lépan, etc. PL. 2. — D'azur, au chevron d'or, accompagné de trois étoiles d'argent.

DE LAURENS,
DANS LA BASSE MARCHE. — D'argent, à la fasce de gueules, accompagnée en chef de deux étoiles, et en pointe d'un croissant; le tout du même.

LEGENDRE.
EN NORMANDIE ET A LA MARTINIQUE. — D'azur, au chevron d'or, accompagné en chef de deux molettes d'éperons, et en pointe d'un massacre de cerf; le tout du même.

LE LIÈVRE DE LA GRANGE, DE CHAUVIGNY, etc.,
EN BERRY. — D'azur, au chevron d'or, accompagné en chef de deux roses d'argent, et en pointe d'une aigle à deux têtes au vol abaissé, du même.

DE LORME DE PAGNAT,
EN BOURBONNAIS. — D'argent, à trois merlettes de sable, posées 2 et 1, et accompagnées de neuf étoiles du même, rangées 3 en chef, 3 en fasce et 3 en pointe.

DE LOUAN,
EN BOURBONNAIS. — D'azur, au chevron d'or, accompagné de trois croissants du même, posés 2 en chef et 1 en pointe.

DE MAY,
BOURBONNAIS, LA MARCHE ET POITOU. — D'azur, à une fasce d'or, accompagnée de trois roses d'argent, posées 2 en chef et 1 en pointe.

MAULGUÉ D'AVRAINVILLE,
EN CHAMPAGNE. — De gueules, au chevron d'or, accompagné en chef de deux étoiles d'argent, et en pointe d'une épée du même mise en pal.

DE MEAULNE,
EN TOURAINE et orig. D'ANJOU. PL. 2. — D'argent, à la bande fuselée de gueules, accompagnée de six fleurs de lis de sable mises en orle.

DE MENGIN.
LORRAINE ET GASCOGNE. — D'azur, à la fasce d'or, accompagnée en chef d'un griffon naissant du même.

DU MESNIL DE FIENNE ET DE MARICOURT.
EN NORMANDIE. — D'azur, à la bande d'or, accompagnée de deux roses du même.

MILON,
EN ANJOU. — De gueules, à la fasce d'or, chargée d'une merlette de sable et accompagnée de trois croissants d'or, 2 en chef et 1 en pointe.

MOLÉ,
EN CHAMPAGNE. PL. 2. — Écartelé aux 1 et 4 de gueules, au chevron d'or, accompagné en chef de deux étoiles du même et en pointe d'un croissant d'argent, qui est de MOLÉ ; aux 2 et 3 d'argent au lion de sable, qui est de MESGRIGNY.

DE MONIER,
EN PROVENCE. — De gueules, au chevron d'or, accompagné de trois têtes d'aigle arrachées d'argent.

PASQUIER,
PL. 2. — D'azur, à la bande engrêlée d'or, accompagnée de deux croisettes recroisettées et fichées du même.

DE PAYAN ou PAYEN.   COMTAT VENAISSIN ET DAUPHINÉ. — D'azur, au chevron d'or, accompagné de trois molettes du même, posées 2 en chef et 1 en pointe.

LE PELLETIER.   AU PAYS CHARTRAIN. — D'azur, à la fasce d'argent, chargée d'un croissant de gueules, accompagnée de trois étoiles du même, 2 en chef et 1 en pointe.

PERIOU ou PRIOUR DE BO-CERET.   EN BRETAGNE. PL. 2. — De gueules, à la fasce d'argent, accompagnée en chef de trois coquilles, et en pointe d'un trèfle ; le tout du même.

DE LA PIERRE.   EN LANGUEDOC. — D'or, au chevron de gueules, accompagné de trois losanges du même, posées 2 en chef et 1 en pointe.

LE PRÉVOST D'IRAY.   BRETAGNE ET NORMANDIE. — De gueules, à deux fasces d'argent, accompagnées en chef de trois croissants du même, et en pointe de trois besants d'argent.

DE QUERCAVY.   EN QUERCY. PL. 2. — D'azur, au lévrier d'or passant et accompagné de trois étoiles du même, 2 en chef et 1 en pointe.

DE RIVALS.   EN LANGUEDOC. — D'azur, au sautoir d'or, accompagné de trois croissants d'argent, 2 en chef et 1 en pointe, et flanqué d'une étoile d'or à dextre et à sénestre.

DE LA ROCHE.   EN BOURBONNAIS. PL. 2. — D'azur, au chevron d'or, accompagné de trois trèfles du même; 2 en chef et 1 en pointe.

ROUILLÉ D'ORFEUIL . DE FONTAINES, etc.,   EN NORMANDIE. — D'azur, au chevron d'or, accompagné en chef de deux roses d'argent tigées et feuillées du même, et en pointe d'un croissant d'argent.

TOUSTAIN DE FALTOT.   EN NORMANDIE. — D'argent, à deux fasces d'azur, accompagnées de trois merlettes de sable.

DE TURGIS.   EN NORMANDIE. PL. 2. — D'or, à la barre d'azur, chargée de trois coquilles d'or et accompagnée de trois étoiles d'azur.

LE VALLOIS.   EN NORMANDIE. — D'azur, au chevron d'hermines, accompagné de trois têtes de lion arrachées d'or.

VIMEUR DE ROCHAMBEAU, EN VENDÔMOIS. — D'azur, au chevron d'or, accompagné de trois molettes du même, posées 2 en chef et 1 en pointe.

DE VOUGES. D'azur, au chevron d'or, accompagné de trois étoiles d'argent.

VYON. EN BOURGOGNE. — D'azur, au chevron d'argent, accompagné de trois têtes de lion arrachées d'or.

ACCORNÉ.

ACCORNÉ (Pl. 3) se dit des animaux représentés avec des cornes d'un émail autre que celui du corps ou de la tête de l'animal.

BÉON, EN LANGUEDOC. — Écartelé, aux 1 et 4 de gueules, à quatre otelles d'argent ; aux 2 et 3 d'or, à deux vaches de gueules, accornées, colletées, clarinées et onglées d'azur.

LE BEUF, EN BOURGOGNE. — D'or, au bœuf de sable, accorné de gueules.

BEUGRERS. EN BOURGOGNE. — D'azur, à un bœuf passant d'or, accorné et clariné d'argent.

BEUIL, EN ANGLETERRE. PL. 3. — D'hermines, au bœuf de gueules, accorné d'or.

CANDALE, EN BÉARN. — Écartelé : aux 1 et 4 d'or, à trois pals de gueules, qui est de Foix ; aux 2 et 3 d'or, à deux vaches de gueules, accornées, colletées et clarinées d'azur, qui est de Béarn.

COQUELIN DE GERMIGNEY, EN FRANCHE-COMTÉ. — D'azur, à deux licornes affrontées d'or, accornées d'argent : les cornes passées en sautoir.

LESCOT DE LISSY, EN BRIE. — De sable, à une tête de chevreuil d'argent, accornée d'or.

DE MECKLENBOURG. ALLEMAGNE. PL. 3. — D'or, à la rencontre de buffle de sable, couronnée et languée de gueules, accornée et bouclée d'argent.

MURET, SEIGNEUR DE BELLE-MAJOR, EN BOURGOGNE. — De gueules, à un bélier passant d'argent, accorné et onglé d'or, accompagné en chef de deux étoiles d'argent, et en pointe d'un croissant d'or.

PÉRIGNON DE FOMMER-VILLE, EN LORRAINE. — D'azur, au bélier passant d'argent, contourné et accorné d'or; la tête sommée d'une croix de Lorraine aussi d'or.

PORTAIL. AU MAINE. — D'azur, semé de fleurs de lis d'or, à la vache d'argent brochant, colletée, clarinée, accornée et onglée d'or, couronnée de gueules.

DE SAINT-BELIN. EN CHAMPAGNE. PL. 3. — D'azur, à trois rencontres de bélier d'argent, accornées d'or, posées 2 et 1.

ACCOSTÉ.

 CCOSTÉ (Pl. 3) se dit d'une pièce posée entre deux autres; puis de pièces de longueur mises en pal, en bande ou en barre, qui en ont d'autres à leurs côtés, placées dans la même direction.

D'ALÈGRE, EN AUVERGNE. PL. 3. — De gueules, à une tour carrée d'argent, accostée de six fleurs de lis d'or.

D'ANGOSSE, EN BÉARN ET A PARIS. PL. 3. — D'azur, à trois épées d'argent rangées en pal, les pointes en haut: au chef d'or, chargé d'un cœur de gueules, accosté de deux merlettes affrontées de sable et couronnées d'argent.

Devise : *Deo duce, comite gladio.*

d'AUBER.

EN NORMANDIE. — D'azur, à un pal d'argent, accosté de quatre étoiles d'or, deux de chaque côté, posées l'une sur l'autre, et un chef de gueules chargé d'une fasce d'argent ondée.

BALTAZARD DE TOUTE-NOIS.

De gueules, à l'arbre d'or, soutenu d'un croissant du même, et accosté de deux lions d'argent.

BASCHER DU PUIS.

De sinople, à la bande d'or, accostée de six merlettes du même.

BÉREZAY.

EN BRETAGNE. — D'azur, à la lance d'or, la pointe en haut, accostée de deux épées d'argent garnies d'or.

DE BERNARDY,

EN PROVENCE. — De gueules, bandé d'or, chargé d'un ours de sable, accosté de deux trèfles d'argent; au chef d'azur, chargé de trois étoiles d'or.

DU BOIS D'AISY,

EN NIVERNAIS. — D'azur, à la fasce d'or, accompagnée en chef d'une étoile du même accostée de deux fleurs de lis d'argent, et en pointe d'un porc-épic du dernier émail.

DU BOIS DE PREYLONGUE,

EN GUIENNE. — D'azur, au lion d'or, surmonté d'un croissant d'or et accosté de deux arbres aussi d'or.

DE BUDES,

EN BRETAGNE. PL. 3. — D'argent, au pin de sinople, accosté de deux fleurs de lis de gueules.

DE CANOLLE,

EN GUIENNE. — D'azur, au lion léopardé d'argent; au chef cousu de gueules, chargé d'une tour d'argent, accostée de deux croissants adossés et accompagnés chacun de quatre croisettes posées en croix; le tout d'argent.

DE LA COUR,

EN LORRAINE. PL. 3. — D'argent, à la fleur de lis de gueules, accostée à dextre d'une étoile d'azur et à sénestre d'un croissant du même; le tout surmonté d'un lambel de gueules.

DANGUY.

EN BRETAGNE. — D'argent, au pin de sinople, accosté de deux mouchetures d'hermines.

DEJEAN,   PL. 3. — D'argent, au griffon de sable ; au chef d'azur.
                     chargé d'un croissant d'or, accosté de deux étoiles
                     du même.

DE FAYET,   EN LANGUEDOC. — D'azur, à une fasce de sable bordée
                     d'or et chargée d'une coquille d'argent ; accostée de
                     deux étoiles d'or et accompagnée en chef d'une le-
                     vrette d'argent courant et ayant un collier de gueules.
                     bordé et bouclé d'or, et en pointe de trois losanges
                     aussi d'or, rangées en fasce.

FROTIER   DE   LA   MESSE-   EN POITOU. PL. 3. — D'argent, au pal de gueules. accosté
LIÈRE,   de dix losanges du même, posées 2. 2 et 1 de chaque
                     côté.

GARNIER,   EN POITOU. - D'azur, à une gerbe d'or liée de sinople,
                     accostée de deux roses d'argent et accompagnée en
                     pointe d'un croissant du même ; et un chef de gueu-
                     les chargé d'une fleur de lis d'or. accostée de deux
                     étoiles du même.

GAUTRON DE LA BASTE,   EN POITOU. - - D'argent. au pal d'azur, accosté de deux
                     aigles de sable.

GIRARD   DE   CHATEAU-   Orig. du LANGUEDOC. - - D'azur, à la tour d'argent, à trois
VIEUX,   donjons maçonnés de sable : au chef cousu de gueu-
                     les, chargé d'une étoile d'or. accostée à dextre d'un
                     lion naissant d'or. et à sénestre d'un croissant versé
                     d'argent.

LENFANT,   EN BRETAGNE. — D'azur. à la bande d'argent. accostée de
                     deux cotices d'or.

DE MAGNY,   EN NORMANDIE. — De gueules, à la rose d'argent, tigée et
                     feuillée de sinople, accostée de deux fleurs de lis.
                     parties d'or et d'argent : et un croissant d'or à la pointe
                     de l'écu.

MALART,   EN NORMANDIE. — D'azur, à une fasce d'or chargée d'un
                     fer à mulet de sable, cloué d'argent de six pièces, et
                     accosté de deux losanges de gueules.

DE MANDAT DE GRANCEY. PL. 5. — D'azur, au lion d'or, couronné du même et lampassé de gueules; au chef d'argent, chargé d'une hure de sanglier de sable, accostée de deux roses de gueules.

MARIGNAN, EN GASCOGNE. — D'argent, à l'arbre de sinople terrassé du même; au chef d'azur chargé d'une canette d'or, accostée de deux cœurs du même.

MARTINEAU. EN BRETAGNE. — D'argent, au chevron d'azur, accompagné de trois merlettes de sable; au chef de gueules, chargé d'une coquille d'argent, accostée de deux étoiles d'or.

DE MIREMONT. AUVERGNE, CHAMPAGNE ET PICARDIE. PL. 5. — D'azur, au pal d'argent fretté de sable, accosté de deux fers de lance d'argent à la bouterolle d'or, les pointes en haut.

DES PÉRIÈS, EN PROVENCE. — D'or, à un poirier de sinople fruité d'argent, accosté de deux étoiles d'azur et soutenu d'un croissant de gueules.

DU PUY, EN LYONNAIS. — De sable, au chevron d'or, accosté de deux étoiles du même et un croissant d'or en pointe; au chef d'argent chargé de deux lions affrontés de gueules.

DU SOLIER, EN VIVARAIS. — De gueules, au lion d'or tenant de sa patte dextre une épée d'argent, la pointe en haut, la garde et la poignée d'or, et accosté de deux gantelets, aussi d'or.

SOULIÉ, EN LANGUEDOC. — D'argent, à deux branches de sinople, l'une de laurier et l'autre de palmier passées en sautoir et liées de gueules; au chef d'azur, chargé d'un soleil d'or, accosté de deux étoiles du même.

DE VINCENT. EN LORRAINE. — D'azur, à la bande d'argent, chargée de trois croisettes tréflées de gueules, accostée de deux cotices d'argent et accompagnée de deux quintefeuilles de gueules.

ADEXTRÉ.

DEXTRÉ (Pl. 3) se dit d'une pièce principale en ayant une autre moins importante à sa droite. Lorsque la pièce accessoire est en chef ou en pointe, on doit l'énoncer.

En armoiries, la *dextre*, ou la droite, est prise du haut de l'écu. Ainsi la *dextre*, ou la droite de l'écu ou de toute autre pièce d'armoiries, est à la gauche du lecteur.

ANTIN.

D'or, à une clef de sable, adextrée de trois tourteaux de gueules.

ARCOLIERS.

EN SAVOIE. PL. 3. — D'azur, à une épée d'argent, adextrée d'une fleur de lis d'or.

DE BOURNONVILLE.

Bandé d'or et de gueules, adextré d'un écusson de de Montmorency nouveau, en chef.

DU BOST.

D'or, à l'arbre de sinople, adextré d'une hure de sanglier de sable.

DE BRACAMONT.

D'argent, au chevron de sable, adextré en chef d'un maillet du même.

CAMBOUR.

EN LIMOUSIN. — D'azur, à la fasce cousue de gueules, accompagnée en chef de deux épées en sautoir d'or, surmontées d'une belette passant du même, adextrées et sénestrées d'une étoile d'argent; et en pointe d'une gerbe d'or, adextrée d'une grenade et sénestrée d'un cor; le tout d'or.

CHARLOT.

D'argent, au cheval de sable galopant, surmonté de deux étoiles d'azur en fasce, adextré d'une bombe d'or, allumée de gueules.

DE CHASSIRON.

D'azur, au pal de gueules, adextré d'un demi-vol d'or, et sénestré d'une Foi d'argent.

ACCORNÉ.

Lescot de Lissy.   de Mecklenbourg.   de Saint Belin.   Beuil.

  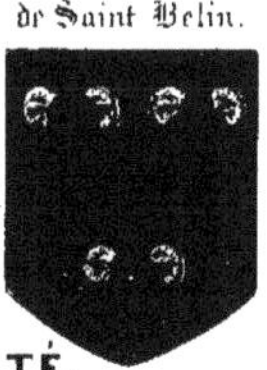 

ACCOSTÉ.

d'Alégre.   d'Angosse.   de la Cour.   de Miremont.

   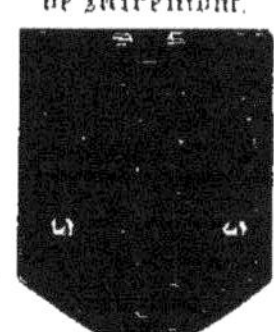

de Budes.   Frotier de la Messelière.   de Mandat.   Dejean.

ADEXTRÉ.

de Tricaud.   Papillon.   l'Huillier.   Kornitz.

Parisot.   de Paillard.   de la Fosse.   Arcoliers.

DE LA FOSSE.   PL. 3. — D'azur, au lion d'or naissant, adextré de deux
étoiles du même, en chef.

FOURNIER,   EN BLAISOIS. — D'or, à trois bandes de gueules, chargées
chacune d'une étoile d'or ; au chef d'azur, chargé
d'un lion naissant d'or, adextré d'une étoile du même.

FREXA,   EN CATALOGNE. — D'argent, au lion de gueules, adextré
d'un frêne arraché de sinople.

GAI.   D'azur, au lion d'or, lampassé et armé de gueules,
adextré en chef d'une étoile d'argent ; au chef de
gueules chargé de trois étoiles d'argent.

GUILLA.   EN CATALOGNE. — D'or, au renard rampant de gueules,
adextré d'un genévrier de sinople, terrassé du même.

L'HUILLIER DE LA MAR-   ORLÉANAIS ET BERRY. PL. 3. — D'azur, au lion d'or, lam-
DELLE,   passé et armé de gueules, adextré en chef d'un
croissant tourné d'argent.

KONITZ.   EN SAXE. PL. 3. — De gueules, à une moitié de fleur de
lis d'or, posée en bande, adextrée d'une rose du
même.

DE LORT.   EN LANGUEDOC. — D'azur, au lion d'or, lampassé et
armé de gueules, adextré en chef d'une étoile d'argent.

DE PAILLARD.   EN PICARDIE. PL. 3. — D'argent, à trois tourteaux de sable ;
au chef de gueules, chargé à dextre d'une croix
pattée d'or, adextrée d'une étoile du même.

PAPILLON DE VAUBE-   EN TOURAINE. PL. 3. — D'or, au lion de gueules, adextré
RAULT,   de trois roses du même, posées en pal.

PARISOT.   EN CHAMPAGNE. PL. 3. — D'azur, au lion d'argent,
adextré en chef d'une étoile du même.

ROUX.   EN PICARDIE. — D'or, au lion de sable, lampassé et
armé de gueules, adextré de trois roses aussi de
gueules, posées entre les jambes.

DE TRICAUD, SEIGNEUR DE LA   EN BOURGOGNE. PL. 3. — D'azur, au chevron d'or, adextré
MOUTONNIÈRE.   en chef d'une étoile du même.

ADOSSÉ.

DOSSÉ (Pl. 4) se dit de deux animaux ou de deux pièces semblables, posés en pal dos à dos : les *lions*, les *chiens*, les *loups*, etc., sont *adossés* lorsqu'ils se tournent le dos; les *clefs*, les *haches d'armes*, les *faucilles*, etc., sont adossées lorsque les pannetons des clefs, les tranchants des haches ou des faucilles sont tournés l'un à dextre et l'autre à sénestre.

D'ACHEY, seigneurs de Thomaise et d'Avilly. PL. 4. — De gueules, à deux haches d'armes d'or adossées. Devise : *Jamais las d'acher.*

ARNAULD, Orig. d'auvergne. — D'azur, au chevron d'or, accompagné en chef de deux palmes adossées, et en pointe d'un rocher de six coupeaux ; le tout du même.

D'ASSI, en berry. pl. 4. — D'argent, au lion de sable, lampassé et armé de gueules, et un chef du même, chargé de deux croissants d'argent adossés.

DE BASEMONT, en dauphiné. — D'azur, à deux serpents d'or adossés, tortillés et enlacés en triple sautoir; au chef de gueules, chargé d'une colombe d'argent, membrée d'or.

BLAMONT ou BLAMMONT. De gueules, à deux cors d'argent adossés.

CHEVALIER, en poitou. — De gueules, à trois clefs d'or, posées en pal, 2 et 1, les anneaux en bas ; les deux du chef adossées.

DE CLUGNY, en bourgogne. pl. 4. — D'azur, à deux clefs d'or adossées et posées en pal, les pannetons en haut et les anneaux travaillés en losange, pommetés et enlacés.

COHON. bretagne et anjou. — D'or, à deux serpents de sable entrelacés en double sautoir et adossés; au chef du même, chargé d'une étoile d'argent à six pointes.

DES CORDES.   D'or, à deux lions adossés de gueules, surmontés d'un lambel d'azur.

GILLON, SEIGNEUR DE GRATI-SONS,   EN PICARDIE. PL. 4. — D'azur, à deux lions d'or adossés; les queues entrelacées.

GRIDENFINGEN,   EN ALLEMAGNE. PL. 4. — De gueules, à deux faucilles d'argent adossées.

DE LISLE,   EN PROVENCE. Orig. d'ÉCOSSE. PL. 4. — D'azur, à deux palmes d'or adossées, posées en pal et surmontées d'une étoile du même.

MOET, SEIGNEUR DE BROUILLET, D'OGNY, ETC.,   EN CHAMPAGNE. — Famille anoblie par Charles VII, en 1446. De gueules, à deux lions d'or adossés, les têtes contournées.

DE MONTBÉLIARD, DE BAR ET DE MOUSSON.   D'azur, à deux bars d'or adossés. Le comté de Montbéliard ayant été apporté par une fille de cette maison à Richard de Montfaucon, leurs descendants prirent le surnom et les armes de Montbéliard, en conservant les leurs, qui étaient : De gueules, à deux bars d'or adossés; et en changeant seulement le champ de gueules en azur.

DE SAISSEVAL,   EN PICARDIE. PL. 4. — D'azur, à deux bars d'argent adossés.

AFFRONTÉ.

AFFRONTÉ (Pl. 4) est le contraire d'*adossé*, mais se dit plus particulièrement de deux animaux ou têtes d'animaux qui se font face.

ALFONSE,   EN LANGUEDOC. — D'azur, à deux lions d'or affrontés et soutenant une fleur de lis du même.

AMÉ DE SAINT-DIDIER.   Coupé : au 1 d'azur, à deux colombes d'argent affrontées, parti de gueules au portique ouvert, aussi d'ar-
gent, accompagné des lettres initiales D A du même ;
au 2 d'or, à trois œillets de pourpre tigés et feuillés
de sinople, 2 et 1.

ANDRÉ ou ANDREA.   EN PROVENCE. — De gueules, à deux lions d'or affrontés,
tenant de leurs pattes un anneau de sable ; à la bor-
dure d'azur, chargée de huit fleurs de lis d'or.

D'ARRAS.   EN CHAMPAGNE. — D'argent, au chevron d'azur, accompagné en chef de deux oies de sable affrontées.

AUBOUST.   EN LIMOUSIN. — D'argent, au chevron de gueules, accompagné en chef de deux hibous de sable affrontés, et
en pointe d'un arbre de sinople, planté sur une ter-
rasse du même ; au chef d'azur, chargé de trois étoiles
d'or.

DE BAAS DE SIVORD,   EN BÉARN. PL. 4.   D'argent, à deux bisses ou couleu-
vres au naturel, affrontées et posées en pal.

DE BIMARD,   EN LANGUEDOC. — D'azur, à deux lions d'or affrontés, armés et lampassés de gueules, accompagnés en pointe
d'un croissant d'argent, et un chef de gueules chargé
de trois étoiles d'or.

BOUCHER DE MORLAIN-   EN BARROIS. — D'azur, au chevron d'or, chargé à la
COURT.   pointe d'une croisette de pourpre, accompagné en
chef de deux lions d'argent affrontés et lampassés
de gueules.

DE BOUCHER, SEIGNEUR DU   EN GUIENNE. — D'or, à deux lions affrontés de gueules,
Roco,   et un chef d'azur chargé d'un croissant d'argent accosté de deux étoiles d'or.

DE CAYLUS,   EN LANGUEDOC. — D'azur, à deux lions affrontés d'or,
soutenant une flamme du même.

DES CHAMPS DU MÉRY.   DE PARIS. PL. 4. — D'argent, à deux lions de gueules affrontés.

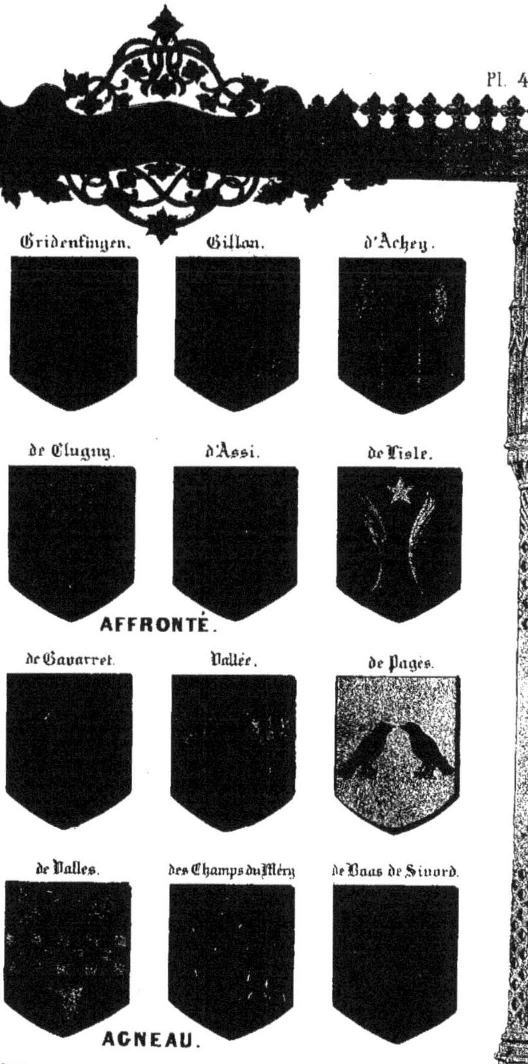

Lith. P. H. Saunier, P.^{ce} Pirlet-niberg, rue de la vieille monnaie, 12

DE CIREY.

EN BOURGOGNE. — D'azur, à deux lévriers d'argent rampants et affrontés, colletés de gueules et bouclés d'or.

DE COIGNY,

AU PAYS CHARTRAIN. — D'argent, à trois loups de sable passants; 2 en chef affrontés et 1 en pointe ; et une fleur de lis de gueules posée en abîme, accostée de deux pattes de griffon d'azur, l'une posée en bande et l'autre en barre.

COLLIEX, SEIGNEUR DU PONT ET DE RICHEMONT-COLLIEX .

EN BRESSE. — D'argent, à deux lions de gueules affrontés; au chef d'azur, chargé de trois croissants d'argent.

COLOMBEL,

EN NORMANDIE. — D'azur, à la fasce d'or, accompagnée en chef de deux oiseaux d'argent affrontés, et en pointe d'un serpent du même.

FAVIN,

A PARIS. — D'or, à la croix d'azur, chargée en cœur d'un croissant d'argent et cantonnée de quatre aiglettes de sable affrontées, couronnées, armées et lampassées de gueules.

DE FRÉVOL.

EN LANGUEDOC. — De gueules, à deux lions d'or affrontés et posés sur un mont du même, tenant une roue aussi d'or.

DE GAVARRET.

GASCOGNE, LAURAGUAIS ET HAUT LANGUEDOC. PL. 4. — D'argent, à trois lionceaux de sable lampassés et armés de gueules; les deux en chef affrontés.

DE GOUEY,

EN NORMANDIE. — De gueules, à deux lions d'argent affrontés ; parti d'azur, à la sirène d'argent et à la bande d'or brochant sur le tout.

LE HARDY,

EN NORMANDIE. — De gueules, au chevron d'or rompu, et accompagné de quatre lionceaux d'argent affrontés, 2 en chef et 2 en pointe.

HUBERT.

EN NORMANDIE. — D'argent, à trois lionceaux de gueules, 2 en chef affrontés et 1 en pointe.

JULIEN,

EN NORMANDIE. — D'azur, à deux lions d'or affrontés, tenant une épée d'argent, la pointe en haut.

KLOPSTEIN DE RECOURT,   Orig. de MAYENCE, établie en LORRAINE. — D'or, à la
                          fasce d'azur, surmontée de deux lionceaux de sable,
                          issant et affrontés. et accompagnée en pointe d'un
                          dextrochère et d'un sénestrochère de carnation parés
                          de gueules, tenant chacun un caillou qu'ils frappent
                          et dont il sort une flamme de gueules.

LOPPIN.   EN BOURGOGNE. PL. 4. — D'argent. à deux louves de sa-
                          ble ravissantes et affrontées.

MARCHANT DE FRAUCH,   EN GUIENNE. — D'argent, à un chevron de gueules sur-
                          monté d'une étoile du même et accompagné de trois
                          colombes d'azur, 2 en chef affrontées et 1 en pointe.

LE MULIER.   BOURGOGNE. — D'azur, à deux cigognes d'argent affron-
                          tées.

DE PAGÈS,   EN CATALOGNE ET A PERPIGNAN. PL. 4. — D'or, à deux merles
                          de sable affrontés.

PARMENTIER.   De gueules, à deux lions d'argent affrontés et tenant
                          une palme d'or.

DE SAINT-JULIEN,   EN LANGUEDOC. — D'azur, à deux lions d'or affrontés et
                          accompagnés en chef d'une fleur de lis du même ; et
                          en pointe d'une colombe d'argent portant dans son
                          bec un rameau d'olivier de sinople.

SARRET DE COUSSERGUES.   EN LANGUEDOC. PL. 4. — D'azur, à deux lions d'or affrontés,
                          posés sur un rocher d'argent et soutenant une étoile
                          du même.

VALLÉE,   A PARIS. PL. 4. — D'azur. à un pal d'argent, accosté de
                          deux aigles d'or affrontées.

DE VALLES,   EN NORMANDIE. PL. 4. — De gueules, à une fasce échique-
                          tée d'or et d'azur de trois traits. accompagnée de
                          trois têtes d'aigle arrachée d'or, 2 en chef affron-
                          tées et 1 en pointe.

DE VARAGES,   EN PROVENCE. — D'azur, à deux lions d'or affrontés, sou-
                          tenant une étoile du même.

DE VAUX.   EN LORRAINE. — De sinople, à trois cygnes d'argent, les
                          deux du chef affrontés.

AGNEAU.

GNEAU (Pl. 4). L'agneau, du mot grec ἀγνός, chaste, pur, innocent, symbole de notre divin Rédempteur, n'est pas d'un fréquent usage en armoiries ; il est plutôt l'emblème des fonctions civiles que des vertus militaires. On le trouve plus ordinairement dans les armoiries d'ecclésiastiques, de magistrats ou de villes, à moins qu'il ne soit employé pour figurer des armes parlantes. L'agneau est presque toujours représenté *passant;* il est nommé *agneau pascal, agnus Dei,* lorsqu'il porte une croix à laquelle est attachée une banderole chargée d'une autre croix.

AGNEAU,   EN PROVENCE. — D'azur, au chevron d'or, accompagné en pointe d'un agneau d'argent.

D'AIGNEAUX,   EN NORMANDIE. — D'azur, à trois agneaux d'argent, 1 et 2.

DE BAUSSEN,   EN NORMANDIE. — D'azur, à l'agneau pascal d'argent.

BRUNET,   EN GUIENNE. — D'azur, à un agneau pascal d'argent, la croix et la banderole d'or ; parti d'argent, à une aigle à deux têtes de sable becquée et membrée de gueules.

DELECEY DE CHANGEY, EN CHAMPAGNE. PL. 4. — D'azur, au chevron d'or, accompagné de deux coquilles d'argent en chef et d'un agneau pascal du même en pointe.

D'ETCHEGOYEN,   EN BÉARN. — Écartelé : au 1 d'azur, à un agneau pascal d'argent, surmonté de trois étoiles d'or ; au 2 d'azur, à la tour d'argent, accostée à dextre d'un lion d'or et à sénestre d'un lion d'argent ; au 3 d'or, à trois pals d'azur ; et au 4 d'argent, à un arbre de sinople au pied fiché dans un cœur de gueules, sénestré d'un lion aussi de gueules.

FARGÈS.

Écartelé : au 1 d'or, à l'if de sinople ; au 2 d'azur, à un agneau d'argent attaché à une colonne du même ; au 3 d'azur, au lion d'argent ; au 4 de gueules, à une cloche d'argent.

GRENIER,

EN GUIENNE. — De gueules, à la fasce d'or, accompagnée de deux molettes du même, en chef, et en pointe d'un agneau passant d'argent.

L'HOMME-DIEU DU TRAN-CHANT ET DE LIGNEROLLES.

— D'azur, au chevron d'or, accompagné en chef de deux étoiles du même, et en pointe d'un agneau pascal d'argent.

MAUDUIT.

EN NORMANDIE. — De sable, à l'agneau pascal d'argent, la banderole d'or croisée du second émail.

PASCAL,

BRETAGNE ET PROVENCE. — De gueules, à l'agneau pascal d'argent, portant une croix d'or, à laquelle est attachée une banderole d'argent ; au chef d'azur, chargé d'un croissant d'argent, accosté de deux étoiles d'or.

PASCAL,

EN AUVERGNE. PL. 4. — Blaise PASCAL, le célèbre auteur des *Provinciales*, né le 19 juin 1623, fils d'un premier président à la cour des aides de Clermont, portait : D'azur, à un agneau pascal d'argent, la banderole croisée de gueules.

PASCAL,

EN DAUPHINÉ. PL. 4. — D'azur, à l'agneau pascal d'argent, le guidon croisé de gueules.

PASCAL DE SAINT-JULIEN,

EN GUIENNE. — De sinople, à un agneau pascal d'or, la banderole croisée d'azur. Ces armes sont rapportées dans les lettres de confirmation de noblesse accordées en 1714 à Jean et Guillaume Pascal. Lesdites lettres sont enregistrées à la cour des aides de Guienne.

PASCHAL,

EN LANGUEDOC. — D'azur, à un agneau pascal d'argent.

ROUEN (VILLE DE),

NORMANDIE. PL. 4. — De gueules, à un agneau pascal d'argent, la tête contournée ; au chef d'azur, semé de fleurs de lis d'or.

DE SAINTE-BEUVE.   ILE-DE-FRANCE. — D'azur, à trois agneaux d'argent,
                            2 et 1.

SEGUIER,   EN BOURBONNAIS ET A PARIS. PL. 4. — D'azur, au chevron
                            d'or, accompagné en chef de deux étoiles du même,
                            et en pointe d'un agneau d'argent.

TEYSSIER DE CHAUNAC,   EN LIMOUSIN ET A PARIS. — De sinople, à un chevron d'or,
                            accompagné en chef de deux roses du même, et en
                            pointe d'un agneau pascal d'argent; à un chef cousu
                            d'azur, chargé de trois étoiles d'or.

AIGLE.

IGLE (Pl. V). L'aigle, adoptée par les Romains dès les premiers temps de la république, comme symbole de leur puissance, a été choisie par de hauts barons ou de grands dignitaires pour être dans leurs armoiries ou dans leurs sceaux l'emblème, soit du pouvoir, soit de l'indépendance personnelle; l'aigle, en effet, tient entre les oiseaux le premier rang, comme le lion parmi les autres animaux. La consécration des empereurs est représentée dans les médailles sous l'emblème d'un aigle qui s'élance vers le ciel.

Elle servait d'enseigne dans l'armée de Frédéric Ier, comme autrefois dans les légions romaines. On la voit sur les monnaies de Henri VI et de Frédéric II. Les empereurs d'Orient l'avaient conservée; et Romain Diogène, vaincu par les Turcs en 1072, fut reconnu à la figure de l'aigle qu'il portait sur sa poitrine.

L'aigle est représentée en armoiries avec une ou deux têtes de profil, le corps de face et les ailes détachées du corps. Elle est dite *essorante* lorsqu'elle ouvre les ailes comme pour prendre son vol, et que les pointes des ailes sont presque horizontales; *au vol abaissé*, lorsqu'elle ne fait que les écarter et que le bout en est dirigé vers la pointe de l'écu; et enfin *éployée* lorsqu'elles sont entièrement étendues et qu'elles ont leurs extrémités tournées vers le chef de l'écu.

Nous ferons remarquer ici que l'habitude de désigner par le mot *éployée*,

l'aigle à deux têtes, a introduit sur ce point dans la terminologie une confusion déplorable. On s'est servi, pour désigner la forme de la tête de l'aigle,
d'une expression qui ne doit évidemment s'appliquer qu'à la nature de son
vol. Les aigles peuvent être éployées sans avoir deux têtes, ou être représentées avec deux têtes, sans être éployées : nous en donnons plusieurs
exemples dans le cours de cet ouvrage.

Nous nous rangeons donc à l'opinion des savants Bénédictins, auteurs du
Traité de Diplomatique, et à celle des généalogistes les plus estimés, qui
n'emploient l'expression *éployée* que pour indiquer la position des ailes ; et
qui désignent sous le nom d'*aigle à deux têtes* l'aigle que l'on a mal à propos
appelée *aigle éployée*. C'est ainsi que les d'Hozier ont blasonné dans l'Armorial général dressé en vertu de l'édit de 1696 et dans l'Armorial de France,
toutes les armoiries qui représentent l'une ou l'autre de ces deux circonstances : et cette distinction se trouve parfaitement justifiée par plusieurs
faits incontestables.

Ce n'est en effet qu'au quinzième siècle, sous le règne de Sigismond,
que l'aigle à deux têtes, qui signifie probablement la réunion de l'empire
d'Orient et de l'empire d'Occident, est devenue le symbole particulier de
l'empire d'Allemagne. Avant cette époque, l'aigle au vol étendu (à une
seule tête) désignée sous le nom d'*aigle éployée*, se trouve dans les sceaux
et les armoiries d'un assez grand nombre de seigneurs ou de princes souverains. Elle se voit dès l'an 1197 dans le sceau de Mathieu de Lorraine,
depuis évêque de Toul. L'*aigle éployée*, avec ces mots : *Sigillum veritatis*
(Sceau de vérité), servait de contre-scel à Étienne, comte de Bourgogne, dès
le commencement du treizième siècle. Lorsque plus tard l'aigle à deux
têtes est devenue d'un usage plus répandu, comme elle était presque toujours alors représentée avec les ailes étendues, beaucoup d'héraldistes
se sont servis exclusivement du mot éployé pour indiquer ces deux circonstances, tandis qu'ils auraient dû dire, en distinguant chacune d'elles par
une dénomination particulière : *aigle éployée, aigle à deux têtes.*

L'opinion de ces savantes autorités étant aussi la nôtre, nous ferons la
distinction de l'*aigle éployée*, c'est-à-dire l'aigle à une seule tête, dont le
vol sera éployé, et de l'*aigle à deux têtes*, lorsque celle-ci aura deux têtes,
au vol ou éployé ou abaissé.

COLLÉGE

ARCHÉOLOGIQUE ET HÉRALDIQUE DE FRANCE.

LE COLLÉGE HÉRALDIQUE DE FRANCE. fondé dans le but d'établir une autorité compétente pour la constatation et l'expédition légale des TITRES et GÉNÉALOGIES, s'occupe d'archéologie nobiliaire, de paléographie, de toutes recherches et travaux historiques et généalogiques.

Le Collége possède la collection la plus complète d'ouvrages héraldiques et généalogiques qui ait jamais existé, ainsi qu'un grand nombre de manuscrits inédits sur les noblesses de toutes les nations.

Il possède en outre toutes les généalogies de France, preuves de noblesse, jugements de maintenue au nombre de 50,000 ; il a recueilli toutes les armoiries des familles qui sont inscrites à l'armorial général dressé en vertu de l'édit de 1696, s'élevant à plus de 200,000 ; et, détenteur d'une immense quantité de titres originaux, tels que contrats de toute nature, testaments, chartes, diplômes, édits, ordonnances, commissions des rois de France, etc., au nombre de 350.000 pièces, provenant pour la plupart des anciens cabinets généalogiques de MM. Fabre, comte de Waroquier, de la Chesnaye des Bois, de Courcelles, de la Croix, Joursenvault, des archives de la maison de Grignan, de la collection des Bénédictins de Saint-Maur, etc., le Collége peut fournir aux anciennes familles des renseignements qu'elles n'ont pas, et à celles qui ont tenu par un lien quelconque à la noblesse de France et de l'étranger les moyens de reconstituer leur état nobiliaire et leurs armoiries. Les Généalogies ainsi que les Certificats de noblesse sont délivrés sous l'approbation d'un jury composé de membres du Collége, appartenant à l'élite de la noblesse de France.

Les personnes qui veulent faire partie du Collége à titre de membres associés doivent faire preuve de noblesse ; les membres associés reçoivent un diplôme sur parchemin, qui est lui-même une première constatation de noblesse, dans lequel sont relatés les noms, titres et qualités du titulaire, ainsi que ses armoiries.

Pour recevoir les statuts, obtenir des renseignements et des documents généalogiques sur sa famille, ou simplement un dessin colorié et certifié de ses armoiries, il faut en adresser la demande *affranchie* A Paris, rue des Moulins, n° 10, *près du passage Choiseul*, à M. de Magny, *Secrétaire, Généalogiste de l'ordre de Malte et correspondant de plusieurs Chancelleries d'ordres étrangers.*

PUBLICATION DÉJA PARUE,

EN VENTE AU SECRÉTARIAT DU COLLÉGE HÉRALDIQUE,

DEUXIÈME ÉDITION DU BULLETIN DU COLLÉGE,

Un beau volume grand in-8° avec Planches et Blasons coloriés. — Prix : 12 fr.; et par la poste, 14 fr. 50 c.

SOMMAIRE DES MATIÈRES CONTENUES DANS CE VOLUME.

PREMIÈRE PARTIE.

1° Extrait des statuts du Collége, conditions d'admission. — **2° Correspondance**. — **3° Séance annuelle du Collége**. — **4° Archéologie nobiliaire**, Église cathédrale de Tours, Maison de *Montmorency*. — **5° Essai sur la noblesse chez tous les peuples**. — **6° Salles des Croisades**, Noms et armoiries de toutes les familles dont les écussons figurent au *Musée de Versailles*. — **7° Notices généalogiques**. — **8° Mélanges**, Grégoire VII, ou la Papauté au moyen âge. — **9° Armorial général de Bretagne**. — **10° De la Constitution actuelle de la noblesse** chez toutes les nations ; *Toscane et Rome*. — **11° Tablettes héraldiques**.

DEUXIÈME PARTIE.

2° Recueil historique des ordres de chevalerie, Monographies des ordres du *Christ*, de l'*Éperon d'or* et de *Saint-Sylvestre*, de *Saint-Grégoire le Grand* et de *Saint-Jean de Jérusalem* (Malte) à Rome, des ordres de *Saint-Étienne* et de *Saint-Joseph en Toscane*, des ordres de la *Rédemption de Mantoue* et du *Temple en France*, avec la Nomenclature officielle de tous les Français décorés des six premiers ordres et autorisés à les porter par ordonnances royales, depuis la création de l'ordre de la Légion d'honneur jusqu'à présent.

Conditions de la Souscription

À

LA VRAIE ET PARFAITE SCIENCE DES ARMOIRIES,

Deux gros volumes petit in-4°, de 500 à 600 pages chacun, ornés de

200 planches représentant 4,000 écussons coloriés,

SERVANT D'EXEMPLES A 15,000 ARMOIRIES.

Cet ouvrage, composé, d'après les plus savantes autorités, sur le plan du livre de Palliot, dont nous avons conservé le titre, est à la fois le traité de blason le plus complet qui ait jamais été offert au public, et par les recherches historiques, archéologiques et généalogiques qui lui servent de base, par ses 4,000 écussons coloriés et ses 15,000 armoiries, intéressant plus de 50,000 familles, le tableau le plus vaste, le plus brillant et le plus exact de la noblesse actuellement existante.

LA VRAIE ET PARFAITE SCIENCE DES ARMOIRIES, dont le texte, imprimé avec le plus grand luxe typographique, est enrichi d'une multitude de vignettes, de lettres ornées, de sceaux, etc., est précédée d'une introduction historique qui met la science du blason au niveau des plus savantes études, en la présentant sous un jour tout nouveau, ainsi qu'on peut en juger par le sommaire de cette introduction que nous reproduisons ici :

PREMIÈRE PARTIE. — I. De la noblesse en général. — II. Origine et développement de la noblesse française. — III. De la noblesse chez les principaux peuples de l'Europe : Angleterre, Italie, Allemagne, Espagne, Suède, Danemark, Russie, Pologne. — DEUXIÈME PARTIE. — IV. Titres et dignités. — V. Sceaux. — VI. Des armoiries et de leur origine.—VII. Symbolique des armoiries, couleurs et pièces meublant l'écu. — VIII. Cris et devises. — IX. Origine et signification des noms. — X. Exposé élémentaire de la science héraldique.

L'ouvrage aura 100 livraisons, chacune de 8 à 12 pages de texte, avec deux planches contenant quarante écussons coloriés.

Le prix de chaque livraison est de 1 fr. 75 c. pour Paris, et de 1 fr. 90 cent. par la poste.

Tout souscripteur à la VRAIE ET PARFAITE SCIENCE DES ARMOIRIES *aura ses armoiries reproduites en couleur dans le cours de l'ouvrage.*

L'ouvrage sera terminé dans le cours d'une année, et pourra être délivré aux souscripteurs qui en feront la demande par 25 livraisons, formant un demi-volume. Le prix n'en est payé qu'au fur et à mesure des livraisons.

SOUS PRESSE :

LE

LIVRE D'OR DE LA NOBLESSE DE FRANCE.

LE LIVRE D'OR DE LA NOBLESSE DE FRANCE, continuant les ouvrages du *P. Anselme et de la Chesnaye des Bois,* se composera de plusieurs registres ou volumes de 3 à 400 pages, format grand in-4°, qui contiendront chacun 15 à 20 grandes généalogies, ornées d'armoiries magnifiquement coloriées et dessinées selon les règles et les formes rigoureuses de l'art héraldique, avec supports ou lambrequins, et un grand nombre de notices généalogiques de deux à quatre pages de texte.

Le prix d'un volume ou registre est de 50 fr. pour les souscripteurs, et de 60 fr. pour les non-souscripteurs ; les membres du Collége héraldique jouiront d'une réduction de 6 fr. sur le prix de souscription.

La souscription à un volume donne droit à l'insertion gratuite d'une notice généalogique de deux pages (sauf 12 fr. de plus pour le blason gravé sur bois, placé en tête de l'article), et de quatre pages, si l'on souscrit à deux exemplaires du même volume.

Les frais d'insertion des grandes généalogies, enrichies des armoiries coloriées et des blasons d'alliances gravés sur bois et imprimés dans le texte, se traitent de gré à gré, selon le plus ou moins d'étendue.

Paris. — Imprimerie Schneider et Langrand, rue d'Erfurth, 1.

www.ingramcontent.com/pod-product-compliance
Ingram Content Group UK Ltd.
Pitfield, Milton Keynes, MK11 3LW, UK
UKHW022258120726
13694UKWH00003B/1121